计算机系列教材

周爱武 肖云 琚川徽 罗罹 编著

数据库实验教程

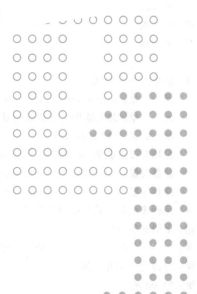

清华大学出版社

北京

内 容 简 介

本书以培养研究型人才和"卓越工程师"类型应用人才为目标,编写时面向应用,不追求深奥,讲求"够用、实用",目的是通过大量案例的学习与实践,让读者熟练掌握管理、访问数据库的各项基本技能,加强实践动手能力,力争让读者看得懂、学得会、用得上、记得牢。本书主要包括以下内容:数据库原理实验的基本要求和教学管理规范、数据库基本原理概述、数据库标准语言 SQL 介绍、数据库实验指导及实验要求,并给出多个数据库应用实例。

本书在注重数据库基础知识训练的同时,特别注重数据库应用技能培养与训练,可作为计算机科学与技术、软件工程和信息管理等相关专业的数据库实验课程教材或教学参考书,也可以作为数据库课程设计的参考资料,还可供数据库应用系统开发人员和数据库管理人员参考。

图书在版编目(CIP)数据

数据库实验教程/周爱武等编著. —北京:清华大学出版社,2019(2025.2重印)
(计算机系列教材)
ISBN 978-7-302-52746-6

Ⅰ. ①数…　Ⅱ. ①周…　Ⅲ. ①数据库系统—高等学校—教材　Ⅳ. ①TP311.13

中国版本图书馆 CIP 数据核字(2019)第 067157 号

责任编辑:张　民
封面设计:常雪影
责任校对:梁　毅
责任印制:宋　林

出版发行:清华大学出版社
　　　网　　　址:https://www.tup.com.cn,https://www.wqxuetang.com
　　　地　　　址:北京清华大学学研大厦 A 座　　　　邮　　编:100084
　　　社 总 机:010-83470000　　　　　　　　　　邮　　购:010-62786544
　　　投稿与读者服务:010-62776969,c-service@tup.tsinghua.edu.cn
　　　质量反馈:010-62772015,zhiliang@tup.tsinghua.edu.cn
　　　课件下载:https://www.tup.com.cn,010-83470236
印 装 者:涿州市般润文化传播有限公司
经　　　销:全国新华书店
开　　　本:185mm×260mm　　　　印　　张:16　　　　字　　数:377 千字
版　　　次:2019 年 6 月第 1 版　　　　　　印　　次:2025 年 2 月第 7 次印刷
定　　　价:39.00 元

产品编号:064676-01

前　　言

数据库原理是计算机科学与技术和软件工程等专业的核心课程,是理论与实践相结合的重要课程。该课程既具有系统的理论价值,也具有广泛的应用领域,对培养学生的专业理论知识和专业实践能力至关重要。目前几乎所有高校的计算机学院、软件学院和信息学院的相关专业都将"数据库原理"和"数据库原理实验"课程作为专业核心课程;为增强学生的实践应用能力,服务于研究型和应用型复合人才培养目标,近年来很多学校的相关专业都修改了教学计划,压缩理论教学课时数,相应增加实验类课程教学课时数。

为适应当前培养研究型和应用型复合人才与"卓越工程师"人才的需要,我们在多年教学与实践经验的基础之上,结合当前教学计划的修订和学生学习的实际需要,编写了这本符合新型培养目标要求的《数据库实验教程》,将数据库标准语言 SQL 的主要内容在实验课堂先进行讲解、举例,然后给出大量的实验题目要求,让学生进行充分的实验训练,做到真正理解、掌握数据库管理系统的原理和数据管理技术,并能融会贯通,熟练运用其进行各种数据管理操作,提升学生分析问题、解决问题的能力,达到"数据库原理实验"课程的教学目标。

本书注重理论与实践相结合,密切联系实际,基本覆盖数据库应用的各个方面,满足高等院校培养研究型和应用型复合人才的要求。

本书以计算机科学与技术、软件工程和信息管理等专业的本科学生为主要适用对象,以强化学生的原理性知识和实践能力为宗旨,以培养研究型和应用型复合人才以及"卓越工程师"类型实用人才为主要目标。在内容选取上,先有适当的理论知识回顾,对当前应用广泛的数据库管理系统进行介绍,再安排丰富的实验案例讲解及大量的实验技能训练,从而达到"以实验促教学"和"以理论促实验"的完美结合。

本书的主要特点如下:

(1) 通用型。本书独立于具体的数据库原理教科书,重点放在数据库管理系统的数据管理功能的介绍与训练上,基本涵盖数据库管理的常用操作。

(2) 思路清晰。以案例为线索,所选择的实验案例既能覆盖知识点,贴近学生生活实际,又接近工程实际需要。每个案例都贯穿数据库实验的各个阶段,重点放在让读者理解实际应用,掌握分析问题和解决问题的能力上,着重训练读者分析问题、理解问题、解决问题的能力。

(3) 通俗易懂。以案例为线索,将复杂的概念用读者容易理解的简洁语言描述出来。通过详细的案例解决方案的介绍,循序渐进地启发学生理解数据库操作的内涵,熟练完成相应的数据库操作。

(4) 重在实用。本书强调动手实践,从建立数据库、基本表到数据查询、数据更新、数据控制等,全过程覆盖,让读者学习完本书之后,熟练掌握数据库管理系统的各项数据库管理功能,并能够融会贯通,在以后的实际数据管理工作中灵活运用。

（5）由浅入深。每个实验原理的讲解和之后的实验要求都由浅入深，难度逐渐增加，循序渐进锻炼学生的实践能力。

（6）提供教学资源。为了方便教学，本书提供应用案例中所有实例数据。

本书是作者在多年从事"数据库原理"和"数据库原理实验"教学的基础上编写的，编写时根据作者多年的教学经验，针对实际应用问题求解，强调数据库实验的系统性和实践性，案例选择面向学生、贴近实际，力争让学生看得懂、学得会、记得牢、用得上。

本书第 1 章由周爱武编写，主要介绍数据库实验的目标、要求、管理以及评价考核体系；第 2 章由周爱武、琚川徽编写，主要回顾数据库的基本原理和数据库管理系统的主要功能；第 3 章由周爱武、罗雽编写，介绍 SQL 的功能及应用，第 4 章由周爱武、肖云编写，本章先给出每个数据库实验的目的与实验指导练习内容，再给出具体的实验要求让学生独立完成。全书由周爱武负责统稿。

安徽大学计算机科学与技术学院的领导、数据库课程组全体教师和学生对本书的编写工作给予了大力支持，并提出了许多宝贵意见，作者在此表示衷心的感谢。

由于作者水平有限，书中难免出现一些疏漏和错误，不足之处在所难免，欢迎广大读者提出宝贵的批评意见和改进建议，谢谢。

作 者

2019 年 1 月于安徽大学

目　　录

第 1 章 引 言

数据库是计算机科学技术学科中发展最快、应用最广的领域之一,在信息处理、大数据领域有着至关重要的地位和作用。"数据库原理"或"数据库技术"是高校计算机科学与技术、软件工程和信息管理等相关专业的必修课程,通过"数据库原理"或"数据库技术"的学习,学生能够掌握数据库的基本概念和基本原理,了解利用数据库进行数据管理工作的基本方法。但数据库是实用技术,在实际应用中,仅有理论知识是远远不够的,必须要通过大量的实验和应用实践,才能使学生做到真正理解数据库的基本原理,并能够灵活运用学过的数据库知识,熟练掌握数据管理的基本技能,解决实际应用领域的数据库应用问题。因此,高等院校计算机科学与技术、软件工程和信息管理等相关专业必须既重视数据库的基础理论教学,也重视数据库实验,理论和实验相结合,将理论课与实验课当作"车之两轮,鸟之双翼",做到"双轮驱动,比翼齐飞",才能取得良好的教学效果。因此,"数据库原理实验"课程同样是十分重要的专业核心课程,必须精心设计实验教学管理方案与实验教学内容,切实有效地提升"数据库原理实验"课程的教学效果和教学质量。

"数据库原理实验"课程与"数据库原理"课程既有联系,又相互独立,可以同时开设,也可以先开设"数据库原理",再开设"数据库原理实验"课程,同时,"数据库原理实验"也可以作为相关专业的一门数据库实际操作课程单独开设。因此,本书独立于具体的数据库原理教材,基于数据库原理的教学内容,结合数据库系统的特点,精心设计实验项目,循序渐进,训练学生的数据库操作技能,提高学生数据库应用水平。

本章首先介绍"数据库原理实验"课程的教学目标、教学安排、管理规范要求和课程考核与评价标准。

1.1 数据库原理实验教学目标

数据库是一门研究如何利用计算机进行数据管理的学科,研究的主要内容是如何更合理地组织数据和存储数据、更方便地使用与维护数据、更严密地控制数据和更有效地利用数据。数据库技术是理论和实际紧密相连的技术,"数据库原理实验"是教学中的重要环节,对于整个数据库课程体系的学习十分关键。

"数据库原理实验"课程的教学目标主要有如下 6 个方面。

1. 完成从理论到实践的知识升华过程

通过精心设计的实验项目,带领学生一步一步进行数据管理的各种操作实践,加深对数据库管理系统进行数据管理的认识和理解。学生通过数据库原理实验进一步加深对数据库原理和技术的了解,将数据库管理的理论知识运用于实践,并在实践过程中逐步掌握利用数据库管理系统管理数据的方法和技术。

2. 学习和掌握数据库标准语言 SQL

通过大量实验案例的学习和练习,熟练掌握 SQL 的功能及应用。

3. 熟悉一种实际的数据库管理系统并掌握其操作技术

使用具体的数据库管理系统进行实验,通过实验环境的充分使用,熟悉数据库管理系统软件的数据定义、数据查询、数据操纵、数据控制等功能,熟练运用数据库管理系统进行数据管理、维护和访问数据库等操作。

4. 培养创新能力

提倡和鼓励实验过程中使用不同于教程的新方法和新技能,激发学生实践的积极性与创造性,开拓思路,进行创新,培养创造性的工程应用能力。

5. 培养学生的工程师素养

通过大量的重复训练,使得学生对数据库管理系统的应用达到熟练的程度,为将来成为合格的软件工程师打下坚实的基础。

6. 提高动手能力,提高分析问题和解决问题的能力

本书的实验案例和实验要求都不是孤立的数据库操作,而是根据一些中小型应用系统的数据管理需求精心设计的。实验要求学生在 SQL Server 数据库管理系统的支持之下建立数据库,并进行各种数据访问操作实践。通过实际应用问题的上机实验求解,加深学生对数据库原理课程中应知必会知识点的理解,并能在实际工作中加以灵活运用;同时,遵循学生的认知规律,实验要求的难度从易到难,循序渐进,逐步提高学生分析实际问题和解决实际问题的能力。

综上所述,"数据库原理实验"课程可以训练培养学生完整、系统的数据库应用能力。通过多个案例的综合训练,培养学生分析问题和解决问题的能力,最终目标是通过数据库原理实验的形式,帮助学生系统掌握数据库管理系统的主要功能,使学生真正了解数据库管理系统进行数据管理的技术和方法,更好地巩固"数据库原理"课程的学习内容。另外,数据库实验的案例都是贴近实际生活的小型数据库系统,有助于读者理解和掌握,在实际应用中进行拓展和提升,培养数据库基本技能和基本素养,向知识、能力、素质三者协调发展的具有创新意识的高科技人才迈进。

1.2　数据库原理实验教学安排

为实现教学目标,数据库原理实验分为前期准备阶段、基本操作阶段和技术提高阶段三个阶段。

(1) 前期准备阶段:主要任务是理解数据库、数据模型和数据库系统的基本概念;掌握数据库的概念模型、数据模型及数据库系统的设计方法。

（2）基本操作阶段：主要任务是学习 SQL，掌握数据库系统的基本操作，包括 T-SQL 的应用和利用 DBMS 的工具进行数据库定义、维护、查询、更新等基本操作，并能够针对实际问题提出解决方法，得出正确的实验结果。

（3）技术提高阶段：该阶段的实验要求学生不仅把课本上的内容掌握好，同时还需要拓展学习一些相关的知识，例如 SQL Server 的深入技术。该阶段的主要任务是要掌握有关数据库数据安全性和数据完整性控制技术、备份和恢复技术及数据库系统的编程技术等。

1.2.1 课程具体内容及基本要求

（1）第一次实验前，任课教师需要向学生讲清实验的整体要求及实验的目标和任务，讲清实验安排和进度要求、平时考核内容与方法、期末考试形式与办法、实验守则以及实验室安全制度等，介绍上机操作的基本方法。

（2）每次实验前，教师需要先讲解与本次实验相关的理论知识，向学生介绍本次实验目的和基本要求；学生应当先学习相关的理论知识，预习实验内容、方法和步骤，避免出现盲目上机的行为。

（3）数据库原理实验课程的实验项目设置三种层次：基础验证实验、综合分析实验和研究设计实验；整个实验过程包括课前预习、认真听课、实验操作、撰写实验报告和总结实验收获等环节。

（4）数据库原理实验一般 1 人 1 组，在规定的时间内，学生独立完成；出现问题及时提问，教师要适当指导，引导学生独立分析问题、解决问题。

（5）任课教师要认真上好每一堂课，完善教学过程管理。实验前进行考勤，实验中应在实验室进行巡视，解答学生疑难问题，做好学生实验情况及结果记录。

（6）对于部分选做的分析综合、研究设计型实验，教师和学生可根据情况自由选择，进行实验。

1.2.2 实验项目安排

说明：本教程实验项目大致按 24～36 学时设计，见表 1-1。各实验项目的学时安排仅供参考，授课教师可以根据专业教学计划安排以及学生的学习基础酌情增减、调整。其中，选做实验设计了 16 学时，可以根据需要从中选做若干学时。

表 1-1 实验项目安排

编号	实 验 项 目	学时数	实 验 类 型
1	安装和配置 SQL Server 2008	2 学时	基础验证，选做
2	数据定义实验	4 学时	基础验证，必做
3	数据库数据导入导出实验	2 学时	综合分析，选做

编号	实 验 项 目	学时数	实 验 类 型
4	数据库的附加(数据库实用程序)	2 学时	综合分析,选做
5	数据库的简单查询实验	4 学时	基础验证,必做
6	数据库的连接查询实验	4 学时	基础验证,必做
7	数据库的嵌套与集合查询实验	4 学时	基础验证,必做
8	数据库的综合查询实验	4 学时	综合分析,选做
9	数据库的数据更新实验	4 学时	基础验证,必做
10	视图的定义和管理实验	2 学时	基础验证,必做
11	存储过程实验	2 学时	研究设计,选做
12	数据库安全性实验	2 学时	研究设计,选做
13	数据库完整性实验	2 学时	综合分析,必做
14	数据库备份与恢复实验	2 学时	综合分析,选做

1.3 数据库原理实验管理规范

1. 实验准备

为了更好地完成教学任务,提高教学质量,每次"数据库原理实验"课程都应该做充分的准备工作,教师应该提前检查实验室的实验环境,认真准备每次实验的教学内容,选择适合学生能力的实验内容,并提前通知学生预习或复习与实验内容相关的数据库原理知识。

2. 实验教学

"数据库原理实验"采用理论联系实际、讲练结合的方式进行教学,每次实验课,教师先讲解实验的基本原理和具体的实验内容,演示实验案例,然后布置相关的实验题目让学生立即动手练习;练习过程中教师进行巡视,实时辅导答疑。真正做到讲练结合,让学生加深对数据库管理系统的数据库管理功能和 SQL 的认识和理解,并能够进行熟练的应用。

3. 实验报告格式

"数据库原理实验"每个实验应提交一份完整的实验报告,实验报告采用文档形式,包含实验项目、实验目的、实验原理、实验要求、实验结果、实验分析和收获等内容。其中,实验结果应包含每一个实验要求在数据库管理系统中实际操作的 SQL 语句和执行结果的截图,或操作步骤的介绍、截图。

学生要认真独立撰写实验报告,报告应表达清楚,格式统一规范。教师根据实验报告以及课堂巡视情况对学生进行考评。

4. 实验过程管理

每次上课按时进行考勤,教师先详细讲解本次实验课的基本原理和基本要求,然后布置适当的实验选题让学生进行实验,在学生实验过程中教师要进行巡视和指导,有条件的学校应适当配备研究生助教,及时给学生释疑解惑。

1.4 数据库原理实验的考评

数据库原理实验采用平时成绩和期末技能测试成绩相结合的方法综合评定学生的成绩,其中,平时成绩占60%,期末综合测试成绩占40%(实际比例可由任课教师根据需要调整)。平时成绩由课前准备和预习、实验态度、实验操作过程和实验报告等综合评定;实验技能测试可以由实验指导教师根据课程特点设计若干个综合性的实验题目作为测试内容,根据学生的完成情况进行综合评价。

数据库原理实验是操作性很强的实践性课程,不仅考查学生数据库基本理论和数据库 SQL 的掌握情况,还要重点考查学生利用数据库技术分析解决实际应用问题的规范性和动手能力,所以指导教师应全程跟踪指导整个实验过程,了解每一位学生实验任务的完成情况,并根据学生提交的课程实验报告、数据库的运行演示、与学生交流互动的情况以及期末实验测试情况综合评定成绩。

以下给出数据库原理实验考评的参考标准。

(1) 没有无故缺勤,实验课认真听讲,积极回答问题,认真完成实验要求,实验报告格式规范、完整,概念原理论述清楚,数据库访问语句绝大部分(90%以上)正确,运行结果截图绝大部分正确,期末测试成绩达到优秀,综合成绩可以评定为优秀(A)。

(2) 基本没有缺勤,实验课认真听讲,积极回答问题,认真完成实验要求,实验报告格式规范、完整,概念原理论述清楚,数据库访问语句80%以上正确,运行结果截图基本正确,期末测试成绩达到优良,综合成绩可以评定为良好(B)。

(3) 基本没有缺勤,实验课认真听讲,积极回答问题,认真完成实验要求,实验报告格式比较规范、完整,概念原理论述比较清楚,数据库访问语句70%以上正确,运行结果截图基本正确,期末测试成绩良好或中等,综合成绩可以评定为中等(C)。

(4) 基本没有缺勤,实验课认真听讲,能够按要求回答问题,基本完成实验要求,实验报告格式基本规范、完整,概念原理论述基本清楚,数据库访问语句60%以上正确,运行结果截图基本正确,期末测试成绩仅能达到中等或及格,综合成绩可以评定为及格(D)。

(5) 缺勤较多,实验课听讲不够认真,不能按要求回答问题,只能完成小部分实验要求,实验报告格式不规范、完整,概念原理论述不清楚,数据库访问语句正确率低于50%,截图只有小部分正确,期末测试成绩只达到及格或以下,综合成绩可以评定为不及格(F)。

第 2 章　数据库原理概述

"数据库原理实验"课程通常是在学习"数据库原理"课程之后开设的,也有部分高校与"数据库原理"课程同步开设,学生一般应该已经掌握了数据库系统的基本概念、基本了解了数据库管理系统的主要功能,掌握了数据查询、数据操纵、数据库安全性、完整性控制的概念和原理以及数据库恢复和并发控制的相关知识,了解数据库系统设计的规范化原理和设计过程。为便于读者在实验过程中理论联系实际,本章简要回顾一下数据库的基本原理和主要知识点。

2.1　数据库的相关概念

数据库技术从 20 世纪 60 年代中期产生到今天仅仅只有 50 多年的历史,它已经历三代演变,造就出 C W Bachman、E F Codd 和 James Gray 三位图灵奖得主;它发展了以数据建模和数据库管理系统 DBMS 核心技术为主导,内容丰富、领域宽广的新学科;从而带动发展了一个巨大的软件产业——数据库管理系统软件产品及其相关工具和解决方案。

数据库技术是数据管理的新技术,是计算机科学与技术学科中的一个重要分支。作为信息管理系统、大数据的核心和基础,数据库技术的应用非常广泛,渗透到国民经济的各行各业,涉及越来越多的应用领域。以数据库为基础的各种管理信息系统日新月异,不断改进完善,已经成为政府机关、事业单位、国企民企的运营系统以及个人家庭生活普遍依赖的基本生存环境。数据库已经成为每个人生活中不可缺少的部分,研究和开发数据库应用系统是目前以及未来应用市场的一个重要领域,需要高校培养大量的数据库专业技术人才。

要想掌握好数据库技术并加以科学运用,必须首先理解并掌握数据库相关的基本概念。

2.1.1　数据、数据管理、数据库与数据库系统

1. 数据

数据(data)是描述事物的符号记录,是数据库中存储的基本对象。数据主要具有以下 4 个特点。

(1) 数据有型和值之分。数据的型是指数据的结构,而数据的值是指数据的具体取值。

(2) 数据有数据类型和取值范围。数据类型是针对不同的应用需求设计的数据约束。数据类型不同,数据的存储方式以及操作形式各不相同。数据的取值范围即数据的

值域,可以保证数据的有效性。

(3) 数据有多种表现形式。不仅可以是简单的数字,也可以是文字、图形、图像、音频、视频等。

(4) 数据与其语义是不可分的。数据的语义是指数据的含义,即数据在应用领域的解释和说明。

2. 数据管理

数据处理是指对数据的收集、组织、整理、加工、存储和传播等工作。数据处理工作分为数据管理、数据加工和数据传播等,其中,数据管理是核心和基础。数据管理是指对数据进行分类、组织、编码、存储、检索和维护。数据管理技术的优劣,将直接影响数据处理的效率。

3. 数据库

数据库(DataBase,DB)是长期存储在计算机内、有组织的、可共享的大量数据的集合。数据库中的数据按一定的数据模型组织、描述和存储,可供各种用户共享并且具有较小的冗余度、较高的程序与数据的独立性和易扩展性。

4. 数据库管理系统

数据库管理系统(DataBase Management System,DBMS)是为数据库的建立、使用和维护而配置的软件,对数据库中的数据进行统一的管理和控制。数据库管理系统的目标是使用户能够科学地组织和存储数据,能够高效地从数据库中获取需要的数据,能够方便快捷地管理和维护数据。

5. 数据库系统

数据库系统(DataBase System,DBS)是指在计算机系统中引入数据库后的系统构成。它主要由数据库、计算机硬件系统、计算机软件系统(核心是数据库管理系统)和数据库用户等几部分组成。

1) 计算机硬件系统

硬件系统指存储和运行数据库系统的硬件设备,包括 CPU、内存、存储设备和输入输出设备等。由于数据库系统的数据量很大,软件内容多并且规模也都很大,因此数据库系统对硬件设备有较高的要求,如尽量大的内存和存储设备、较快的传输速度等。

2) 计算机软件系统

软件系统主要包括数据库、数据库管理系统及其开发工具、操作系统和数据库应用系统等。其中,数据库管理系统是核心软件,在操作系统支持下可以完成对硬件的访问,并能建立数据库,存取、控制、维护和管理数据库中的数据。

3) 数据库用户

用户是指开发、管理和使用数据库系统的人员,主要包括数据库管理员、系统分析员、数据库设计人员、应用程序员和终端用户。系统分析员负责应用系统的需求分析和规范说明,确定系统的软硬件配置;数据库设计人员负责确定数据库中的数据,设计数据库各级模式;应用程序员负责设计、编写、调试和安装应用程序;终端用户主要是利用已编制好的数据库应用系统的用户接口使用数据库系统进行工作。

数据库管理员(DBA)是专门从事数据库管理工作的人员,DBA 通常指数据库管理部门(包括其所有成员),职责是全面地管理和控制数据库系统,在数据库系统中的作用十分重要。DBA 的具体职责如下:

(1) 决定数据库的信息内容和结构。

(2) 决定数据库的存储结构和存取策略。

(3) 定义数据的安全性要求和完整性约束条件。

(4) 监督和控制数据库的使用和运行。

(5) 对数据库系统进行改进和重组。

2.1.2 数据管理技术的发展

在应用需求的推动下,随着计算机硬件和软件的发展,数据管理技术经历了人工管理、文件系统和数据库系统 3 个阶段。

1. 人工管理阶段

在计算机诞生的初期(20 世纪 50 年代中期以前),计算机主要用于科学计算。在这个时期,硬件方面没有磁盘等直接存取的存储设备;软件方面没有操作系统,更没有管理数据的专门软件。

在人工管理阶段,对数据的管理由程序员编写应用程序来完成,应用程序不仅要规定数据的逻辑结构,而且要设计物理结构,所以数据结构的修改必然会导致应用程序的修改,因此程序与数据之间不具有独立性。另外,数据是面向应用程序的,一组数据只能对应一个程序,即便两个程序用到完全相同的数据,也必须各自定义和组织,无法相互利用和相互参照,因此数据不能共享,具有极大的冗余。

2. 文件系统阶段

文件系统阶段是指 20 世纪 50 年代后期到 20 世纪 60 年代中期,这个时期计算机不仅用于科学计算,而且开始用于数据管理。在这个时期,硬件方面已经有了磁盘等直接存取的存储设备;软件方面有了操作系统和高级语言,并且操作系统中提供了专门用于数据管理的软件部分,即文件系统。

在文件系统阶段,文件系统把数据组织成相互独立的数据文件,并提供了程序和数据之间的存取接口。程序通过文件名访问数据,可以不再关心数据的底层物理细节,从而使程序和数据之间有了一定的独立性,但这种独立性还比较差。另外,文件仍然是面向应用的,即一个或一组文件基本上对应于一个应用程序,因此数据的共享性差,冗余度还是很大。

3. 数据库系统阶段

数据库系统阶段是从 20 世纪 60 年代后期开始,这时计算机的应用越来越广泛,数据量迅速增长,数据管理规模越来越大。在这个时期,硬件方面有了大容量的磁盘;软件方面出现了管理数据的专门软件,即数据库管理系统。用数据库系统来管理数据标志着数据管理技术的飞跃,它与传统的人工管理和文件系统管理数据方式相比较,有着无可比拟的优点,因而得到广泛的、长期的应用。总结起来,数据库系统具有如下一些重要特点。

1) 数据结构化

数据库系统的数据具有面向全组织领域的复杂的整体数据结构,这一点体现了数据库与文件系统的根本区别。

2) 数据共享性好,冗余度小,易扩充

数据库系统的数据由全系统的所有用户共享,多用户可以通过计算机网络并发访问数据库,并且通过科学规范的理论指导数据库设计,数据库具有最小的数据冗余度,易于扩充、易于维护。

3) 较高的数据与程序的独立性

数据库系统的数据具有较高的数据与程序的独立性。所谓数据与程序的独立性,又称为数据独立性,是指应用程序与存储数据之间相互独立的特性,即当修改数据的组织方法和存储结构时,应用程序全部或部分不用修改的特性。数据与程序的独立性进一步可以分为物理数据独立性和逻辑数据独立性两种。

(1) 物理数据独立性。

物理数据独立性又称为存储数据独立性,是指当数据库系统中数据的存储方法和存储结构发生改变,应用程序无须改变的特性。

(2) 逻辑数据独立性。

逻辑数据独立性又称为概念数据独立性,是指数据库系统中全局数据结构发生了改变,但局部数据结构可以不变,因此相关的应用程序无须改变的特性。

数据与程序的独立性给应用程序的编写带来了极大的方便。

4) 统一的数据控制功能

数据库系统的数据由数据库管理系统 DBMS 软件进行统一的管理和控制,包括数据的安全性、数据的完整性、并发控制和数据库故障恢复等多个方面。

2.1.3 数据模型

采用数据库进行数据管理,首要的问题就是要将现实世界应用领域的客观事物正确地转换为数据库中的数据。将现实世界中的客观事物转换为数据库系统(机器世界)中的形式化的结构数据,需要借助数据模型作为工具。数据模型(Data Model)是数据库系统中用于提供信息表示和数据操作手段的工具,是对现实世界中的数据和信息进行抽象、表示和处理的工具。

数据模型是数据库系统的核心和基础,是对现实世界的模拟,因此需要满足三个要求：一是能较真实地模拟现实世界；二是容易为人所理解；三是便于在计算机上实现。因为一种数据模型要全面地满足这三方面要求很难做到，因此在数据库系统中针对不同的使用对象和应用目的，可以采用不同的数据模型。

1. 数据模型的分类

根据模型应用的不同目的，可以将模型划分为两类，它们分别属于两个不同的抽象级别。

1) 概念模型

概念模型也称为信息模型，是按用户的观点来对数据和信息建模，主要用于数据库设计阶段。

2) 数据模型

数据模型包括逻辑模型和物理模型。逻辑模型是按计算机的观点对数据建模，主要用于数据库管理系统 DBMS 的实现。物理模型是对数据最底层的抽象，描述数据在磁盘或磁带上的存储方式和存取方法，是面向计算机系统的。

为了正确地将现实世界的客观事物转换为数据库中的数据，必须对现实世界进行数据建模。现实世界的客观事物缤纷复杂，一步到位建立数据模型容易出错，所以通常都是先对现实世界的客观事物进行抽象，分析其中的实体以及实体之间的联系，建立概念模型（E-R 模型），再将概念模型转换为数据模型。从现实世界到概念模型的转换由数据库设计人员完成，从概念模型到逻辑模型的转换由数据库设计人员以及数据库设计工具完成，从逻辑模型到物理模型的转换则由数据库管理系统自动完成。

2. 概念模型

概念模型用于信息世界的建模，是对现实世界的客观事物及其联系的第一级抽象，它不依赖于具体的计算机系统，不是某一个数据库管理系统支持的数据模型，而是概念级的模型。概念模型是数据库设计的有力工具，也是数据库设计人员和用户之间进行交流的语言。因此概念模型应该具有较强的语义表达能力，并且简单清晰、易于理解。

1) 实体集

实体即现实世界客观存在的事物（对象），使用某些方面的特征信息进行描述。具有相同特征信息的实体构成实体集。

2) 实体集之间的联系

数据库中的数据是用来描述现实世界客观存在的事物的，而现实世界的事物之间彼此是有联系的，这种联系反映在信息世界中分为两类，分别是实体集内部的联系和实体集之间的联系。数据库系统研究的重点是现实世界各种实体集之间的联系。

两个实体集之间的联系可以分为三种类型：

（1）一对一联系（1∶1 联系）。

如果实体集 A 与实体集 B 之间存在联系，并且对于实体集 A 中的每一个实体，实体集 B 中至多有一个实体与之联系；反之，对于实体集 B 中的每一个实体，实体集 A 中至多有一个实体与之联系，则称实体集 A 与实体集 B 之间具有一对一联系。

例如,如果学校规定每一个班级至多有一个班长,而每一个班长只能在一个班级任职,那么班级与班长实体集之间是一对一的联系。

(2) 一对多联系(1∶n 联系)。

如果实体集 A 与实体集 B 之间存在联系,并且对于实体集 A 中的每一个实体,实体集 B 中有 n(n≥0)个实体与之联系;反之,对于实体集 B 中的每一个实体,实体集 A 中至多有一个实体与之联系,则称实体集 A 与实体集 B 之间具有一对多联系。

例如,如果一个班级有多个学生,每个学生只属于一个班级;一个班主任管理多个学生,每个学生只归一个班主任管理,那么班级与学生实体集、班主任与学生实体集之间都是一对多的联系。

(3) 多对多联系(m∶n 联系)。

如果实体集 A 与实体集 B 之间存在联系,并且对于实体集 A 中的每一个实体,实体集 B 中有 n(n≥0)个实体与之联系;反之,对于实体集 B 中的每一个实体,实体集 A 中也有 n(n≥0)个实体与之联系,则称实体集 A 与实体集 B 之间具有多对多联系。

例如,一个学生可以听多个教师授课,每个教师可教授多个学生;一个学生可以学习多门课程,每门课程有多个学生学习,那么学生与教师实体集、学生与课程实体集之间都是多对多的联系。

同样,多个实体集之间、同一个实体集内部的各实体之间也可以存在一对一、一对多、多对多联系。例如,如果每个供应商可以供应多个项目多种零件,每个项目可以使用多个供应商供应的多种零件,每种零件可以被多个供应商供应给多个项目,那么供应商、零件、项目三个实体集间具有多对多联系。

注意:现实世界各个实体集之间的联系不是一成不变的,联系的类型与应用领域管理的语义(规定)有关,规定不同,联系的类型可能不同,因此必须具体问题具体分析,才能得出应用领域的正确的实体集之间的联系类型。

3) 实体-联系方法

概念模型的表示方法很多,其中最著名、最常用的是实体(Entity)-联系(Relationship)方法,该方法用 E-R 图来描述信息世界中的概念。E-R 图提供了表示实体型、属性和联系的方法,具体如下:

(1) 实体型用矩形表示,矩形框内写明实体名。

(2) 属性用椭圆形表示,椭圆框内写明属性名,并用无向边将其与相应实体型连接起来。

(3) 联系用菱形表示,菱形框内写明联系名,并用无向边分别与有关实体型连接起来,同时在无向边旁标上联系的类型(1∶1、1∶n 或 m∶n)。另外,联系本身也是一种实体型,也可以有属性。如果一个联系具有属性,则这些属性也要用无向边与该联系连接起来。

实体集及属性的 E-R 图如图 2-1 所示;两个实体型(集)之间的联系的 E-R 图如图 2-2 所示;三个(两个以上)实体型(集)之间的联系的 E-R 图示例如图 2-3 所示,其中,"供应量"描述某供应商供应

图 2-1 实体集及属性的 E-R 图

某项目某种零件的数量,所以是三个实体集之间"供应"联系的属性。

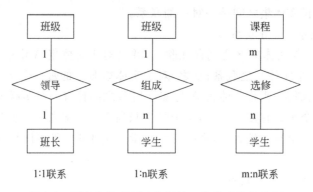

图 2-2　两个实体型(集)之间的三种联系的 E-R 图

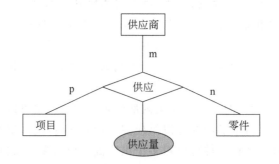

图 2-3　三个(两个以上)实体型(集)之间联系的 E-R 图

3. 数据模型

数据模型是属于计算机世界中的模型,是对现实世界的第二级抽象,有严格的形式化定义,以便于在计算机中实现。为了精确地描述系统的静态特性、动态特性和完整性约束条件,数据模型通常由数据结构、数据操作和数据的完整性约束三部分组成。

1) 数据结构

数据结构是对系统静态特性的描述,是所研究的对象类型的集合。这些对象包括两类,一类是与数据类型、内容、性质有关的对象;一类是与数据之间联系有关的对象。

在数据库系统中,通常按照数据结构的类型来命名数据模型。例如,层次结构、网状结构和关系结构的数据模型分别被命名为层次模型、网状模型和关系模型。

2) 数据操作

数据操作是对系统动态特性的描述,是指对数据库中各种对象的实例允许执行的操作的集合,主要有查询和更新两大类。数据模型必须定义这些操作的确切含义、操作符号、操作规则(如优先级)以及实现操作的语言。

3) 完整性约束

数据的完整性约束是一组完整性规则的集合。完整性规则是给定的数据模型中数据及其联系所具有的制约和依存规则,用以限定符合数据模型的数据库状态以及状态的变化,以保证数据的正确、有效、相容。

数据模型应该反映和规定本数据模型必须遵守的基本的通用完整性约束条件,还应该提供定义完整性约束条件的机制,以反映具体应用所涉及的数据必须遵守的特定的语义约束条件。

自诞生以来,数据库领域中数据模型主要包括层次模型、网状模型、关系模型、面向对象模型和对象关系模型等。其中,关系数据模型是目前应用最广泛、最为主流的一种数据模型,以关系模型为基础和核心建立的数据库称为关系数据库。目前,高校的数据库原理实验教学内容大多都是面向关系数据库的。

2.1.4 关系数据库

1970 年,IBM 公司的研究员,有"关系数据库之父"之称的埃德加·弗兰克·科德(Edgar Frank Codd)博士在 *Communication of the ACM* 上发表了题为 A Relational Model of Data for Large Shared Data banks(大型共享数据库数据的关系模型)的论文,文中首次提出了数据库的关系模型的概念,奠定了关系模型的理论基础。后来,Codd 又陆续发表多篇文章,论述了关系数据库的范式理论和衡量关系系统的 12 条标准,用数学理论奠定了关系数据库的基础。IBM 公司的 Ray Boyce 和 Don Chamberlin 将 Codd 关系数据库的 12 条准则的数学定义以简单的关键字语法表现出来,里程碑式地提出了SQL。由于关系模型简单明了、具有坚实的数学理论基础,所以一经推出就受到了学术界和产业界的高度重视和广泛响应,并很快成为数据库市场的主流。20 世纪 80 年代以来,计算机软件厂商推出的数据库管理系统产品几乎都支持关系数据模型,数据库领域当前的研究和应用大都以关系数据模型为基础。

1. 关系数据结构

从用户角度看,关系模型中数据的逻辑结构是一张二维表,由行和列组成,其中,每个行称为一个元组,每个列称为一个属性,每个二维表又称为一个关系。也就是说在关系模型中,现实世界的实体以及实体之间的各种联系都是用单一的数据结构,即关系来表示。

关系模型要求关系必须是规范化的。所谓规范化是指关系必须满足一定的规范条件。关系的规范条件很多,其中,最基本的条件是关系的每个分量都必须是不可分的数据项。

关系可以分为基本关系(基本表或基表)、查询表和视图表三种类型。基本表是实际存在的表,是数据库中实际存储数据的逻辑表示;查询表是查询结果对应的临时表;视图表是由基本表或其他视图表导出的表,是虚表,不对应实际存储的数据。

2. 关系操作

关系模型的数据操作主要包括数据查询和数据更新(即插入、删除和修改)两大部分。数据查询是最主要最常用的操作,可以分为选择、投影、连接、除法、并、差、交和笛卡儿积8 种操作。

关系操作的对象和结果都是集合，即采用集合操作方式，或者称为一次一集合的方式；而且关系模型把对数据的存取路径向用户隐蔽起来，操作时用户只要指出"干什么"，不必详细说明"怎么干"，大大提高了数据独立性。

实现关系操作的语言可以分为三类。

1）关系代数语言

关系代数语言是用对关系的运算来表达查询要求，是用代数方式表达关系操作的，如ISBL语言。

2）关系演算语言

关系演算语言用所操作元组应满足的谓词条件来表达查询要求，根据谓词变元的基本对象的不同，又可以分为元组关系演算语言和域关系演算语言。元组关系演算语言的谓词变元的基本对象是元组变量，如 ALPHA、QUEL；域关系演算语言的谓词变元的基本对象是域变量，如 QBE。

关系代数、元组关系演算、域关系演算在表达能力上完全等价，而且是抽象的查询语言，与具体的关系数据库管理系统中实现的关系操作语言并不完全一样。

3）具有关系代数和关系演算双重特点的语言

具有关系代数和关系演算双重特点的语言是结构化查询语言 SQL（Structured Query Language），它具有数据定义、数据查询、数据操纵和数据控制功能，是关系数据库的标准语言，它充分体现了关系数据语言的特点和优点。

3. 关系完整性约束

关系模型的完整性约束条件包括实体完整性、参照完整性和用户定义的完整性三大类。其中，实体完整性和参照完整性是关系模型必须满足的完整性约束条件，被称作关系的两个不变性，通常由关系系统自动支持。

1）实体完整性

基本关系中的每一个元组代表现实世界客观存在的一个实体或一个联系，它们是确定的并且互相可以区分。在关系数据库管理系统中，实体完整性通过定义基本关系的主码（唯一标识实体的属性或属性组）来实现，主码中的属性称为主属性。实体完整性规则要求基本关系的主属性不能取空值（NULL）。空值就是指"不知道"或"不确定"的值。

2）参照完整性

参照完整性用于实现相互有联系的实体之间的参照关系，在关系数据库管理系统中，通过定义外部码约束实现。参照完整性规则要求参照关系中外部码属性的取值只能是被参照关系的主码值或空值，而不能取其他值。

3）用户定义的完整性

用户定义的完整性是针对某一具体应用的数据约束条件，反映某一特定应用领域关系数据库中的数据必须满足的语义要求，体现了具体应用领域中的管理规定。

关系数据库管理系统通常提供了定义和检验这些完整性约束的机制，以便用统一的、系统的方法处理它们，而不需要由应用开发人员再编写应用程序实现这些功能。

2.1.5 数据库保护与控制

数据库系统中的数据由数据库管理系统统一管理和控制,因此数据库管理系统必须提供统一的数据保护与控制功能,以保证数据的安全可靠和正确有效。数据库保护与控制功能主要包括数据的安全性控制、数据的完整性控制、并发控制和数据库恢复技术。

1. 数据库安全性

数据库安全性是指保护数据库,防止不合法的使用造成的数据泄密、更改或破坏。安全性控制的防范对象是非法用户和非法操作,防止其对数据库数据的非法存取。

与数据库有关的安全技术主要包括:

1)用户身份鉴别

用户身份鉴别是系统提供的最外层安全保护措施。系统通过检查用户名(用户标识号)是否合法,核对口令是否正确等方式鉴别用户身份。

2)存取控制

数据库管理系统的存取控制机制可以定义用户权限,并且将这些定义编译后存放到数据字典中。当用户提出操作请求时,系统会查找数据字典,进行合法权限检查,拒绝用户的非法操作。因此存取控制机制确保具有数据库使用权的用户按权限访问数据库,同时令未被授权的人员无法接近数据。

3)视图

通过为不同的用户定义不同的视图,可以将数据对象限制在一定的范围内,把要保密的数据对无权存取的用户隐藏起来,从而自动地对数据提供一定程度的安全保护。

4)审计

审计功能是把用户对数据库的所有操作自动记录下来放入审计日志中,数据库管理员可以利用审计日志记录的信息,重现导致数据库现有状况的一系列事件,找出非法存取数据的人、时间和内容等。

5)数据加密

数据加密功能就是根据一定的算法将原始数据(明文)变换为不可直接识别的格式(密文)进行存储,使得不知道解密算法的人无法获取数据的真实内容,防止数据在存储和传输过程中失密。

2. 数据库完整性

数据库完整性是指数据的正确性、有效性和相容性。完整性检查和控制的防范对象是不合语义的、不正确的数据,防止它们进入数据库。

为了维护数据库的完整性,数据库管理系统必须能够实现三个方面的功能。

1)提供定义完整性约束条件的机制

完整性约束条件的定义通常由 SQL 的数据定义语言来实现,其中,实体完整性约束通过定义关系的主码实现,参照完整性约束通过定义关系的外码及其参照属性实现,用户定义的完整性通过定义各种语义约束条件来实现。

2）提供完整性约束条件的检查方法

在一条更新语句执行之后，或者一个事务提交时，数据库管理系统应检查数据库中的数据是否满足规定的完整性约束条件。

3）违约处理

数据库管理系统若发现用户的操作违背了完整性约束条件，应采取一定措施进行违约处理以保证数据的完整性，这些措施可以是拒绝执行该操作，或者是级联执行其他操作等。

3. 并发控制

数据库是一个共享资源，可以被多个用户同时使用。当多个用户并发地存取或修改数据库时，会产生多个事务同时存取同一数据的情况，这时如果不加控制，可能会存取不正确的数据，产生数据不一致性问题，破坏事务的一致性和数据库的完整性。并发操作带来的数据不一致性问题主要包括：

（1）丢失修改，即两个事务读入同一数据并修改，前一个提交的事务的修改丢失。

（2）不可重复读，即某个事务两次读取同样的数据但结果不一样，因为中间被其他并发事务修改了。

（3）读"脏"数据，即某个事务读入某个刚被修改的数据，但是该数据的修改随后被撤销，所以是不正确的数据。

因此数据库管理系统必须提供并发控制机制，对多个事务的并发操作进行正确的调度。实现并发控制的一个非常重要的技术是封锁。所谓封锁就是事务 T 在对某个数据对象操作前，必须先向系统发出请求，对其加锁。加锁成功后事务 T 对该对象就有了一定的控制，在事务 T 释放它的锁之前，其他事务不能读取或更新此数据对象。

加锁后事务 T 对数据对象具有什么样的控制是由封锁的类型决定的。基本的封锁类型有排他锁和共享锁两种。

1）排他锁（X 锁）

排他锁也称写锁，具有独占性。即如果事务 T 对数据对象 A 加了 X 锁，则除 T 以外的其他任何事务不能读取和修改 A，也不能再对 A 加任何类型的锁，直到 T 释放 A 上的 X 锁为止。

2）共享锁（S 锁）

共享锁也称读锁，具有共享性。即如果事务 T 对数据对象 A 加了 S 锁，则事务 T 可以读 A 但不能修改 A，其他事务只能再对 A 加 S 锁，而不能加 X 锁，直到事务 T 释放 A 上的 S 锁为止。

封锁方法可以有效解决并发操作带来的数据不一致性问题，也可能引起新的问题，即活锁和死锁。

活锁就是在多个事务先后请求对同一数据对象封锁时，系统有时会出现总是让某一事务等待的情况。数据库管理系统通常采用先来先服务的策略来避免活锁现象出现。

死锁就是多个事务在已经封锁了一些数据对象后，又都请求对已被其他事务封锁的数据对象加锁,从而出现死循环等待。对于死锁,数据库管理系统普遍采用的方法是定期诊断系统中是否存在死锁,一旦发现,就选择一个处理死锁代价最小的事务并将其撤销来解决。

另外,为了保证并发调度的正确性,数据库管理系统的并发控制机制普遍采用遵守两段锁协议的方法保证并发调度的可串行性。所谓两段锁协议是指所有事务必须分两个阶段对数据项进行加锁和解锁,第一阶段是扩展阶段,事务对任何数据进行读写操作之前,首先要申请并获得对该数据的封锁;第二阶段是收缩阶段,自释放一个封锁开始,之后,该事务不再申请和获得任何其他封锁。

4. 数据库恢复

虽然数据库系统中已经采取了各种措施来保护数据库,防止其安全性和完整性遭受破坏,保证并发事务的正确执行,但数据库系统还是有可能发生各种各样的故障,如硬件故障、软件错误、操作员失误以及恶意破坏等,可能影响数据库中数据的正确性,甚至破坏数据库,使数据库中的数据部分或全部丢失。因此数据库管理系统必须具有数据库恢复功能,能够把数据库从发生故障的错误状态恢复到某一时刻的正确状态。

1) 数据库恢复的基本原理

数据库恢复的基本原理十分简单,就是数据的冗余,即利用存储在系统其他地方的冗余数据来重建数据库中被破坏的或不正确的数据。

2) 数据库恢复的实现技术

建立冗余数据最常用的技术是数据转储和登记日志文件。

数据转储是指DBA定期地将整个数据库复制到磁带或另一个磁盘上保存起来的过程。根据转储状态和转储方式的不同,数据转储方法可以分为静态海量转储、静态增量转储、动态海量转储和动态增量转储四类。

日志文件是用来记录事务对数据库的更新操作的文件,主要有两种格式,分别是以记录为单位的日志文件和以数据块为单位的日志文件。登记日志文件就是将每个事务对数据对象的更新操作执行情况(包括更新前的旧值、更新后的新值)记录到日志文件中,以后用来进行事务故障恢复和系统故障恢复,以及协助后备副本进行介质故障的恢复。

3) 恢复策略

当数据库系统发生故障时,数据库管理系统会利用日志文件和数据库后备副本将数据库恢复到故障前的某个一致性状态。不同的故障其恢复策略和方法也不一样。

(1) 事务故障。

事务故障是指事务运行到正常终点前被非正常地终止。数据库恢复子系统会利用日志文件撤销该事务已对数据库进行的修改。事务故障的恢复由数据库管理系统自动完成,不需要用户的干预。

(2) 系统故障。

系统故障是指造成系统停止运转的任何事件,使数据库系统必须重新启动。它影响正在运行的所有事务,但不破坏数据库。恢复子系统会撤销故障发生时未完成的事务,重做已完成的事务。系统故障的恢复由数据库管理系统在重新启动时自动完成,不需要用户的干预。

（3）介质故障。

介质故障是指外存或计算机硬件系统整体故障，它会破坏数据库或部分数据库，并影响正在存取这部分数据的所有事务。介质故障发生的可能性较小，但破坏性最大。介质故障恢复的方法是重装数据库后备副本，重做已完成的事务。介质故障的恢复需要 DBA 的介入，但 DBA 只重装数据库后备副本和日志文件副本，然后执行系统提供的恢复命令，具体的恢复操作仍由数据库恢复子系统完成。

2.1.6 数据库设计

数据库设计是指对一个给定的应用需求进行分析设计，构造最优的数据库模式，建立数据库及其应用系统，使之能够有效地存储和处理数据，满足各种用户的应用需求（包括信息需求和处理需求）。数据库设计通常在一个通用的 DBMS 支持下进行。

数据库设计包含两方面的内容：①结构（数据）设计，设计数据库框架或数据库结构；②行为（处理）设计，设计数据库应用程序、事务处理等。

数据库设计的基本步骤可以分为 6 个阶段：需求分析、概念结构设计（E-R 模型设计）、逻辑设计、物理设计、数据库实施和数据库运行维护，如图 2-4 所示。

数据库设计的每个阶段都要对阶段性成果进行认真的检查，确认正确后方可进入下一阶段；在后面的几个阶段，如果发现有错误，都需要回到前一阶段，甚至回到需求分析阶段，重新进行分析、设计，最后得出正确无误的数据库模式。下面对数据库设计的各个阶段进行简要介绍。

1. 需求分析

需求分析的任务是了解现实世界中应用领域的具体需求，确定系统的基本数据管理功能，得出基本的数据流图 DFD（Data Flow Diagram）和数据字典 DD（Data Dictionary）。这个过程需要对现实世界应用领域（组织、部门、企业等）要处理的对象进行详细调查，在了解原系统工作概况、明确用户的各种需求、确定新系统功能的过程中，收集支持系统目标的基础数据及其处理要求。

从数据库结构设计的角度出发，需求分析的重点是调查、收集、分析用户在数据管理中的信息要求、处理要求、安全性和完整性要求，强调必须有用户参与。具体调查方法可以是跟班作业、开调查会、设计调查表请用户填写、询问和查阅工作记录等。

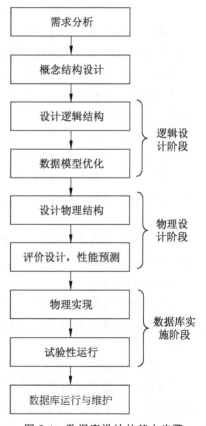

图 2-4 数据库设计的基本步骤

需求分析的常用方法是自顶向下、逐层分解的结构化分析(Structured Analysis,SA)方法。从最上层的系统组织机构入手,采用自顶向下、逐层分解的方法分析应用系统,并用数据流图和数据字典描述系统。

需求分析的过程如图 2-5 所示。

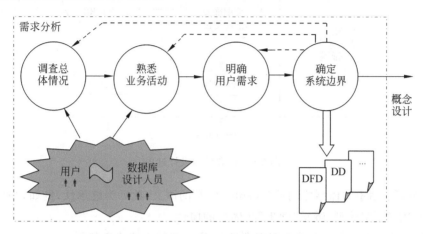

图 2-5　需求分析的过程

经过和用户的充分交流,确认需求分析的结果正确之后,可以进入数据库设计的下一步,即数据库概念结构设计阶段。

2. 概念结构设计

概念结构设计是将需求分析得到的用户需求抽象为概念结构(即信息结构)的过程。其任务是确定系统的概念模型,画出系统 E-R 图。概念结构设计是数据库设计的关键步骤。概念结构独立于数据库的逻辑结构,也独立于具体的支持数据库的 DBMS。

概念结构设计的常用工具是 E-R 图。E-R 图是实体-联系图,其特点是能够真实、充分地反映现实世界。E-R 图中的对象有实体(矩形框)、属性(椭圆框)、联系(菱形框)以及联系的类型(有一对一 1∶1、一对多 1∶n、多对多 m∶n 三种类型的联系),易于理解,易于更改,易于向数据模型转换。

概念模型设计常用的方法是自底向上,设计数据库概念结构的步骤如图 2-6 所示,大致分为两步进行。

1) 数据抽象和局部视图设计

概念结构设计的第一步是根据需求分析的结果(DFD、DD)对现实世界的数据进行抽象,确定实体、实体的属性、实体与实体之间的联系,设计各个局部的数据视图即分 E-R 图。对现实世界的数据进行抽象时有三种数据抽象机制:

(1) 分类:抽象实体值和型之间的"is member of "的语义;例如,"王红"is member of "学生"实体型。

(2) 聚集:抽象实体型和其组成成分(属性)之间的"is part of"的语义;例如,"姓名"is part of "学生"实体型。

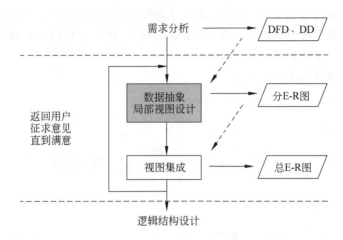

图 2-6　概念结构设计过程

（3）概括：抽象实体型之间的"is subset of"的语义；此即为继承性，例如，"研究生"is subset of"学生"实体型，继承"学生"实体型的属性。

设计应用领域各个局部的数据视图即分 E-R 图的具体步骤如下：

（1）选择局部应用。

在多层数据流图中，选择一个适当层次的数据流图，让这组图中每个部分对应一个局部应用，以此作为出发点，设计该局部的分 E-R 图。

注意：中层数据流图能较好反映系统中各局部应用的子系统组成，选择中层数据流图开始进行分 E-R 图设计比较容易获得正确的结果。

（2）逐一设计分 E-R 图。

先从已定义的数据字典中抽取数据，参照数据流图，标定局部应用中的实体、属性、码，确定实体之间的联系及类型，逐一画出每个局部应用的分 E-R 图，然后再进行适当的调整。

实体与属性划分的基本准则是：

① 属性不能具有需要描述的性质，即属性必须是不可分的数据项；

② 属性不能与其他实体具有联系，联系只能发生在实体之间。

2）视图的集成

视图集成的目的是消除各个局部分 E-R 图中可能存在的冲突，使合并后的总 E-R 图成为被整个应用系统中所有用户共同理解和共同接受的统一的概念模型。视图集成是数据库概念结构设计的第二步：将各个局部视图（分 E-R 图）综合成一个整体的概念结构，即总体 E-R 图。集成的具体步骤如下：

（1）视图合并。

视图合并的目的是消除冲突，合并分 E-R 图，生成初步 E-R 图；各个分 E-R 图中的冲突是不同应用、不同设计人员所设计的分 E-R 图中的可能出现的不一致现象，需要通过深入的交流沟通，进一步理解实际应用需求，最终达成共识。冲突的类型分为属性冲突、结构冲突和命名冲突。

属性冲突包括属性域冲突(属性值的类型、取值范围或取值集合不同)和属性取值单位冲突两种情况。

结构冲突指同一对象在不同分 E-R 图中有不同的抽象、同一实体在不同的分 E-R 图中属性不同或实体之间的联系在不同的分 E-R 图中不同。

命名冲突有同名异义(两个对象具有相同的名字,但是含义不同)和异名同义(不同局部中出现的对同一个对象的不同命名)两种情形。

(2)视图修改与重构。

视图修改与重构的作用是消除初步 E-R 图中不必要的冗余数据和冗余联系,生成基本 E-R 图(这一步以关系的规范化理论作为指导)。

视图集成的过程见图 2-7。

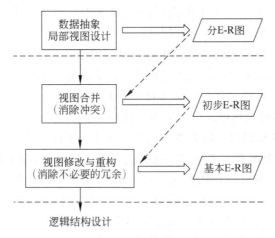

图 2-7　视图的集成

与用户一起对概念结构设计得到的全局 E-R 图进行认真审核,确认其能够准确地描述现实世界应用领域中的实体以及实体之间的联系,则可以进入下一阶段的数据库逻辑设计。

3. 数据库逻辑设计

数据库逻辑设计阶段的任务是把概念结构(E-R 模型)转换为与选用的 DBMS 所支持的数据模型相符合的数据模型。当采用关系数据库管理系统时,数据库逻辑设计就是将应用系统的 E-R 图转换成关系数据模型,给出应用系统数据库中的基本关系以及每个关系的模式结构。

数据库逻辑设计的步骤如图 2-8 所示。

1)按照转换规则,将概念模型 E-R 图中的实体和联系转换为数据模型

在关系 DBMS 支持下,就是转换为关系模式,并确定每个关系模式的属性和码。

E-R 图向关系数据模型转换的基本规则如下:

(1)一个实体型转换为一个关系模式,实体的属性就是关系的属性,实体的码就是关系的码。

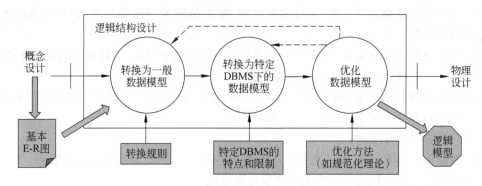

图 2-8　逻辑结构设计步骤

（2）一个联系转换为一个关系模式，与该联系相连的各个实体的码以及联系的属性为该关系的属性，该关系的码分为三种情况：

- 1∶1 联系　　　任一相连实体的码都可以作为该关系的主码；
- 1∶n 联系　　　n 端（多端）实体的码作为该关系的主码；
- m∶n 联系　　　各端实体的码的组合为该关系的主码。

2）对具有相同码的关系模式进行必要的合并

需要注意的是，具有相同码的关系模式可以合并。也就是说，实际应用中通常将 1∶1 联系和 1∶n 联系所转换的关系模式和实体的关系模式合并，而不以单独的关系模式形式存在。其中，1∶1 联系可以和联系的任意一端实体的关系模式合并，将联系的属性和另一端关系模式的码加入该关系模式即可；1∶n 联系则需要和多端的关系模式合并，在多端关系模式中加入联系的属性和 1 端关系模式的码即可；m∶n 联系不能与实体合并，必须转换为单独的关系模式，各个实体的码以及联系的属性为该关系模式的属性。

3）对数据模型进行优化

数据库逻辑设计的最后，为进一步提高数据库应用系统的性能，通常需要对数据模型的结构进行的适当修改、调整，这称为数据模型的优化。关系数据模型的优化通常以关系规范化理论为指导，具体方法如下：

（1）按需求分析得到的语义，确定关系模式的数据依赖。

（2）对各个关系模式的数据依赖进行极小化处理，消除冗余的数据依赖。

（3）按照规范化理论对关系模式逐一分析，考查是否存在非主属性对码的部分函数依赖、传递函数依赖、多值依赖等，确定各关系模式属第几范式。

（4）按需求分析得到的处理要求，分析模式是否合适，对关系模式进行必要的分解或合并。

实际应用中，一般需要将关系模式规范化到第三范式。

生成整个应用系统的模式后，还要根据局部应用的需求，结合 DBMS 的特点，设计用户的外模式。用户外模式的设计，一般利用 RDBMS 提供的视图机制进行，注重考虑用户的习惯和方便，主要包括：

（1）使用更符合用户习惯的别名。

（2）针对不同级别的用户定义不同的外模式，以满足系统对安全性的要求。

（3）简化用户对系统的使用。

4. 数据库物理设计

数据库物理设计为给定的逻辑数据模型选取一个最适合应用环境的物理结构，即：设计数据库的存储结构和物理实现方法。数据库物理设计依赖于选定的计算机系统。

数据库的物理设计通常分为两步进行：

1）确定数据库的物理结构

一般设计内容包括：

（1）确定数据的存储结构。

（2）存取路径的选择（确定如何建立索引）。

（3）确定数据的存放位置。

（4）确定系统配置。

2）评价数据库的物理结构

对数据库运行的时间效率、空间效率、维护代价和各种用户要求进行估算、权衡、比较、评价，选择一个较优的方案。若不符合用户要求，则重新修改。

数据库物理设计阶段没有通用的方法供参考，其目标是使设计得到的数据库运行效率高、存储空间利用率高、事务吞吐量大。设计原则如下：

（1）详细分析事务，获得物理设计需要的参数。

（2）全面了解 DBMS 的功能。

（3）确定数据存取方法时必须清楚：

① 查询事务的信息；

② 更新事务的信息；

③ 事务运行的频率和性能要求。

5. 数据库实施

数据库的实施是指根据逻辑设计和物理设计的结果，在数据库管理系统的环境中建立数据库，建立数据库中的对象，同时编写与调试应用程序，组织数据入库，进行测试和试运行的过程。数据库实施主要包括以下工作：

（1）用 DDL 定义数据库模式结构。即在 DBMS 的支持下，创建数据库，定义数据库中的表、索引、视图等对象。

（2）组织数据入库，将应用领域的实际数据输入到创建成功的数据库中，数据量大的时候应该设计并编制一个数据输入子系统。

（3）编制与调试应用程序，这项工作应该与数据库结构设计并行进行。

（4）数据库试运行。数据库试运行即联合调试阶段，包括应用系统的功能测试、性能测试。试运行时需要注意分期分批输入数据，并做好数据库的数据转储和恢复工作。

6. 数据库运行与维护

数据库运行与维护是指将数据库系统投入实际使用，并进行评价、调整与修改。数据库的投入运行标志着数据库系统开发任务的基本完成和维护工作的开始。运行维护工作主要由数据库管理员 DBA(DataBase Administrator)负责,主要包括以下内容:

(1) 数据库的转储和恢复:根据实际应用领域对数据管理的要求,制订数据库转储计划,实施数据转储,并在数据库发生故障时利用转储的数据库副本和日志文件进行数据库恢复。

(2) 数据库的安全性、完整性控制:对数据库系统的角色、用户进行访问权限的设置和分配,确保数据库安全,另外根据应用领域的需求明确完整性约束条件并在实施数据库时加以定义。

(3) 数据库性能的监督、分析和改进:在数据库系统运行过程中监督数据库系统的性能,进行性能分析,并对数据库进行必要的改进。

(4) 数据库的重组织和重构造:随着应用领域以及运行环境的发展变化,原有的数据库系统可能会不能完全适应新的应用需求,必要时要进行数据库系统的重新组织和构造。

数据库系统的运行维护是一项长期的任务,也是数据库设计工作的继续和提高。

2.2　数据库管理系统(DBMS)

2.2.1　DBMS 概述

数据库管理系统(DataBase Management System,DBMS)是为数据库的建立、使用和维护而配置的软件,对数据库中的数据进行统一的管理和控制。数据库管理系统位于用户与操作系统之间,是计算机的基础软件,也是一个大型复杂的软件系统。数据库管理系统是数据库系统的核心组成部分,用户在数据库系统中的一切操作都是通过 DBMS 进行的,DBMS 就是实现把用户意义下的抽象逻辑数据处理转换成计算机中的具体的物理数据的处理软件。

数据库管理系统的目标是使用户能够科学地组织和存储数据,能够高效地从数据库中获取需要的数据,能够方便快捷地处理和维护数据。

2.2.2　DBMS 的基本功能

数据库管理系统由数据定义语言(Data Definition Language,DDL)和翻译处理程序、数据操纵语言(Data Manipulation Language,DML)及其翻译处理程序、数据库运行控制程序和一些实用程序组成。

数据库管理系统(DBMS)的具体功能主要包括如下内容:

1. 数据定义功能

DBMS 提供了数据定义语言 DDL,用户通过它可以方便地定义和创建数据库的外模式、模式、内模式等数据库对象。这些定义存储在数据库的数据字典中,是 DBMS 运行的基本依据。

2. 数据操纵功能

DBMS 提供数据操纵语言 DML 实现对数据库的基本操作,包括查询和更新(插入、删除、修改)等。数据操纵语言有两类:一类是自主型的,可以独立地用于联机交互的使用方式,用户在终端键盘上直接输入交互式命令就能对数据库进行操作,语法简单;另一类是宿主型的,只能嵌入到高级语言中使用,完成有关数据库的数据存取操作,但不能单独使用。

3. 数据库的建立和维护功能

数据库的建立功能包括数据库初始数据的载入与数据转换等,数据库的维护功能包括数据库的转储、恢复、重组织与重构造、系统性能监视与分析等。这些功能通常由 DBMS 的一些实用程序或管理工具来完成。

4. 数据库的运行管理功能

数据库的运行管理功能是 DBMS 的核心功能,包括数据库的安全性控制、数据库的完整性控制、多用户环境下的并发控制和数据库恢复 4 个方面。DBMS 的统一管理和控制能够保证事务的正确运行,保证数据库正确有效。

5. 数据组织、存储和管理

数据库中存放了各种数据,如数据字典、用户数据、存取路径等,DBMS 负责对它们进行组织、存储和管理,确定以何种文件结构和存取方式物理地组织这些数据,以提高存储空间利用率和数据存取效率。

6. 数据通信接口

DBMS 提供与其他软件系统进行通信的功能。通常,DBMS 提供了与其他 DBMS 或文件系统进行数据转换的功能,可以实现用户程序与 DBMS 之间、不同 DBMS 之间、DBMS 与文件系统之间的通信。这些功能需要与操作系统协调完成。

2.2.3 DBMS 系统结构

1. 三级模式结构

从数据库管理系统实现的角度看,数据库系统通常采用三级模式结构,这是数据库管理系统内部的系统结构。

数据库系统的三级模式结构指数据库系统是由模式、外模式和内模式三级构成,如图 2-9 所示。

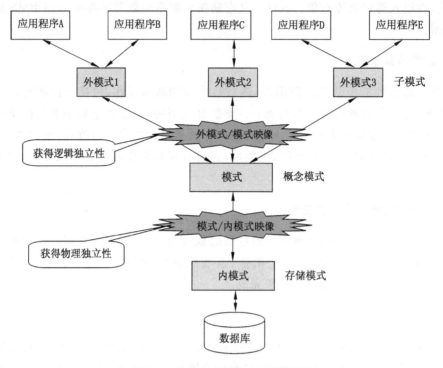

图 2-9　数据库系统的三级模式结构

1）模式

模式也称为逻辑模式或概念模式，是数据库中全体数据的逻辑结构和特征的描述，是数据库全体用户所看到的公共数据视图。

模式处于三级模式结构的中间层，比内模式抽象，不涉及数据的物理存储细节和硬件环境，与具体应用程序、所使用的应用开发工具及高级程序设计语言无关。

一个数据库只有一个模式，数据库管理系统提供模式定义语言来严格地定义模式，包括数据的逻辑结构、数据间联系的定义以及与数据有关的安全性、完整性要求的定义。

2）外模式

外模式也称为子模式或用户模式，是数据库用户能够看到并使用的局部数据的逻辑结构和特征的描述，是某类数据库用户所看到的数据视图。

外模式处于三级模式结构的最外层，定义在逻辑模式之上，面向具体的应用程序，但独立于存储模式和存储设备。

外模式通常是模式的子集，一个数据库可以有多个外模式。一个外模式可以为多个应用所用，但一个应用只能启用一个外模式。数据库系统中不同类型的用户，外模式一般不同。

数据库管理系统提供外模式定义语言来严格地定义外模式。

3）内模式

内模式也称为存储模式，是数据物理结构和存储方式的描述，是数据在数据库内部的组织方式。

内模式处于三级模式结构的最内层,依赖于模式,但独立于外模式,也独立于具体的存储设备,是将模式中定义的数据结构及其联系按照一定的物理存储策略进行组织,以达到较好的时间与空间效率。

一个数据库只有一个内模式,数据库管理系统提供内模式定义语言来严格地定义内模式。

4)二级映像功能

数据库系统的三级模式是数据的三个抽象级别,数据库管理系统在三级模式之间提供了二级映像功能,实现这三个抽象层次的联系和转换。二级映像分别是外模式/模式映像和模式/内模式映像,它们保证了数据库系统具有较高的数据独立性。

(1)外模式/模式映像。

外模式/模式映像定义了数据的局部逻辑结构与全局逻辑结构之间的对应关系。数据库系统中一个模式可以有任意多个外模式,对于每一个外模式,都有一个外模式/模式映像,定义该外模式与模式之间的对应关系。外模式/模式映像的定义通常包含在各个外模式的描述中。

当数据库的模式发生改变时,通过修改外模式/模式映像,可以使外模式保持不变。应用程序是基于数据的外模式编写的,因而应用程序不需要修改,从而保证了数据的逻辑独立性。

当应用需求发生较大变化时,数据库系统的外模式可能无法满足其使用要求,这时外模式就得进行修改,那么基于该外模式编写的应用程序也需要改写,所以数据库系统只能获得部分的数据逻辑独立性。

(2)模式/内模式映像。

模式/内模式映像定义了数据的全局逻辑结构与存储结构之间的对应关系。数据库中只有一个模式和一个内模式,所以模式/内模式映像是唯一的,其定义通常包含在模式的描述中。

当内模式发生改变时,通过修改模式/内模式映像,可以使模式保持不变。模式不变,则所有外模式不变,因而应用程序也不需要修改,从而保证了数据的物理独立性。数据库系统可以保证完全的数据物理独立性。

2. 数据库系统的体系结构

从最终用户使用的角度来看,数据库系统的体系结构多种多样。

1)单用户结构

数据库系统位于一台个人计算机上,只支持一个用户访问。这种结构一般应用于个人计算机系统。

2)主从式结构

这种结构应用于主从式算机系统中,数据库系统在计算机主机上,多个用户通过终端共享主机上的数据库资源。

3)分布式结构

数据库系统运行在分布式计算机系统环境之中,全局数据库的数据可以分隔存储在系统的多台数据库服务器(结点或场地)之上,由统一的分布式数据库管理系统进行管理,在逻辑上是一个整体。亦即数据库具有物理分布性和逻辑整体性。

4) 客户机/服务器结构(C/S结构)

客户机/服务器结构(Client/Server)是计算机应用系统架构的一种,一般工作于局域网环境下。C/S结构的基本原则是将计算机应用任务分解成多个子任务,由多台计算机分工完成,即采用"功能分布"原则。在数据库应用系统中,网络中的部分计算机安装客户端应用程序(称为客户机),Client程序的任务是将用户的要求提交给Server程序,完成数据预处理、数据表示以及用户接口等功能,并能够将服务器程序返回的结果以特定的形式显示给用户;服务器端计算机则安装数据库管理系统软件,接收客户程序提出的服务请求,完成DBMS的核心功能并将结果传送给客户端。这种客户机请求数据访问服务、服务器提供服务的处理方式是一种常用的计算机应用模式。

5) 浏览器/服务器结构(简称B/S结构)

B/S结构(Browser/Server,浏览器/服务器模式),是互联网兴起后的一种网络应用架构模式,B/S结构以Web浏览器作为统一的客户端,通过输入网址在浏览器中打开应用程序界面。这种结构统一了客户端,将系统功能实现的核心部分集中到服务器上,简化了系统的开发、维护和使用。客户机上只要安装一个浏览器(Browser)软件,数据库服务器安装Oracle、Sybase、Informix或SQL Server等数据库管理系统之一。客户端浏览器通过Web服务器以及其他应用中间件同数据库服务器进行数据交互。

B/S结构最大的优点就是可以在任何地方进行操作而不用安装任何专门的软件,只要有能上网的计算机或其他设备就能使用,客户端维护工作量基本为零,系统的扩展非常容易。管理软件集中在服务器端,维护方便,但服务器的负荷较重,且为安全考虑,通常需要有备份措施预防系统"崩溃"。

2.2.4 RDBMS产品概述

关系数据库系统采用关系模型作为数据的组织方式。美国IBM公司的研究员Codd于1970年提出了关系模型,开创了数据库关系方法和关系数据理论的研究,为关系数据库的发展和理论研究奠定了基础。20世纪70年代末,关系方法的理论研究和软件系统的研制取得了重大突破。IBM公司的San Jose实验室历经6年时间在IBM 370系列计算机上成功地研制了关系数据库实验系统System R,并于1981年又宣布具有System R全部特征的数据库管理系统SQL/DS问世。与此同时,美国加州大学伯克利分校也成功研制了关系数据库实验系统Ingres,并由Ingres公司将其发展为Ingres数据库产品。

目前,关系数据库系统的研究和开发工作取得了辉煌的成就,出现了很多功能强大、性能优良的数据库管理系统。当前使用比较普遍的数据库管理系统主要有Oracle、IBM DB2、Microsoft SQL Server、Sybase、MySQL等。不同的数据库管理系统在功能、性能、体系结构、跨平台性、易用性等方面一般存在着一些差异,各有特点。

1. Microsoft SQL Server

Microsoft SQL Server 是 Microsoft 公司推出的关系型数据库管理系统。具有使用方便、可伸缩性好、与相关软件集成程度高等优点,可跨越从运行 Microsoft Windows 的微型计算机到运行 Microsoft Windows 2012 的大型多处理器的企业服务器等多种平台使用。SQL Server 有一个兼容版本,基于 Windows Mobile 操作系统,用于手持设备,如袖珍 PC、智能手机和便携式媒体中心。

SQL Server 最初是由 Microsoft、Sybase 和 Ashton-Tate 三家公司共同为 UNIX 系统开发的,于 1988 年推出了第一个 OS/2 版本。在 Windows NT 推出后,Microsoft 公司将 SQL Server 移植到 Windows NT 系统上。从 1994 年开始,Microsoft 公司与 Sybase 公司终止合作,发布独立于 Sybase 公司的 SQL Server 版本,而 Sybase 公司在 20 世纪 90 年代后期停止使用 SQL Server 名称。

Microsoft SQL Server 是一个全面的、集成的数据库解决方案,使用集成的商业智能(BI)工具提供了企业级的数据管理。Microsoft SQL Server 数据库引擎为关系型数据和结构化数据提供了更安全可靠的存储功能,使用 Transact-SQL 完成数据操作,提供联机分析处理和数据挖掘等分析服务,还提供图形化工具集和向导,引导数据库管理员执行各种任务,如定期备份、调整数据库性能等,可以构建和管理高可用和高性能的数据应用系统。

Microsoft 公司先后推出了各种版本的 SQL Server 数据库管理系统,如 SQL Server 2000、SQL Server 2005、SQL Server 2008、SQL Server 2012 等。有很多开发环境支持 SQL Server,包括 Microsoft 公司的 Visual Studio 和相关产品,尤其是.NET 的产品和服务。目前最广泛应用的产品为 Microsoft SQL Server 2008,它具有可靠性、可伸缩性、可用性、可管理性等特点,为用户提供完整的数据库解决方案。

2. Oracle

Oracle 是数据库厂商 Oracle 公司推出的数据库产品,是最早商品化的关系型数据库管理系统,也是应用广泛、功能强大的数据库管理系统。Oracle 作为一个通用的数据库管理系统,不仅具有完整的数据管理功能,还是一个分布式数据库系统,支持各种分布式功能,特别是支持 Internet 应用。作为一个应用开发环境,Oracle 提供了一套界面友好、功能齐全的数据库开发工具。Oracle 使用 PL/SQL 执行各种操作,具有良好的可开放性、可移植性、可伸缩性等。特别是在 Oracle 8i 中,支持面向对象的功能,如支持类、方法、属性等,使得 Oracle 产品成为一种对象/关系型数据库管理系统。目前最流行的版本是 Oracle 11g。

Oracle 是目前十分流行的关系数据库管理系统之一,在数据库领域一直处于领先地位。它是一种高效率、高可靠性、适应高吞吐量的数据库解决方案,适用于各类大、中、小、微型机环境。Oracle 数据库采用标准 SQL,支持多种数据类型,提供面向对象操作的数据支持,支持 UNIX、VMS、Windows、OS/2 等多种平台。Oracle 公司的软件产品主要由 3 部分构成:Oracle 服务器产品、Oracle 开发工具和 Oracle 应用软件。其中,服务器产品包括数据库服务器和应用服务器。

3. IBM DB2

IBM DB2 是美国 IBM 公司于 1983 年推出的一个商业化关系数据库管理系统,它主要的运行环境为 UNIX(包括 IBM 自家的 AIX)、Linux、IBM i(旧称 OS/400)、OS/2,以及 Windows 服务器版本。

DB2 主要应用于大型应用系统,具有较好的可伸缩性,可支持从大型机到单用户环境,应用于所有常见的服务器操作系统平台下。DB2 提供了高层次的数据利用性、完整性、安全性、可恢复性,以及小规模到大规模应用程序的执行能力,具有与平台无关的基本功能和 SQL 命令。DB2 采用了数据分级技术,能够使大型机数据很方便地下载到 LAN 数据库服务器,使得客户机/服务器用户和基于 LAN 的应用程序可以访问大型机数据,并使数据库本地化及远程连接透明化。DB2 以拥有一个非常完备的查询优化器而著称,其外部连接改善了查询性能,并支持多任务并行查询。DB2 具有很好的网络支持能力,每个子系统可以连接十几万个分布式用户,可同时激活上千个活动线程,对大型分布式应用系统尤为适用。

DB2 除了可以提供主流的 OS/390 和 VM 操作系统,以及中等规模的 AS/400 系统之外,IBM 还提供了跨平台(包括基于 UNIX 的 LINUX,HP-UX,SunSolaris,以及 SCOUnixWare;还有用于个人计算机的 OS/2 操作系统,以及微软的 Windows 2000 和其早期的系统)的 DB2 产品。另外,DB2 提供了高层次的数据利用性、完整性、安全性和可恢复性,采用了数据分级技术,拥有一个非常完备的查询优化器,具有很好的网络支持能力。

4. Sybase

Sybase 是美国 Sybase 公司(2015 年 5 月 13 日被 SAP 公司收购)发布的关系数据库产品。Sybase 公司于 1984 年由 Mark B Hiffman 和 Robert Epstern 成立,公司名称 Sybase 取自 system 和 database 相结合的含义。Sybase 公司首先提出了客户机/服务器的数据库体系结构的思想,并率先在 Sybase SQL Server 中实现。该公司于 1987 年 5 月推出了第一个关系数据库产品 Sybase SQL Server 1.0。现在 Sybase 可以运行在不同的操作系统平台上。

Sybase 采用开放的体系结构,提供了一套应用程序编程接口和库,公开了应用程序接口 DB-LIB,使得访问 DB-LIB 的应用程序很容易从一个平台向另一个平台移植,同时支持网络环境下各节点数据库的互相访问。系统具有完备的触发器、存储过程、规则以及完整性定义功能,支持优化查询,具有较好的数据安全性。Sybase 数据库主要由服务器软件 Sybase SQL Server、客户软件 Sybase SQL Toolset 和接口软件 Sybase Client/ Server Interface 等 3 类软件产品组成。此外,Sybase 还拥有数据库开发工具 PowerBuilder,能够快速开发出基于客户机/服务器工作模式、Web 工作模式的图形化数据库应用程序。

5．MySQL

MySQL 是一个关系型数据库管理系统，由瑞典 MySQL AB 公司开发，目前属于 Oracle 旗下产品。MySQL 是最流行的关系型数据库管理系统之一，在小型 Web 应用领域，MySQL 是很好的 RDBMS（Relational Database Management System，关系数据库管理系统）。

MySQL 所使用的 SQL 是访问数据库的最常用标准化语言。MySQL 软件采用了双授权政策，分为社区版和商业版，由于其体积小、速度快、总体拥有成本低。因为 MySQL 是开放源码软件，社区版性能卓越，与 PHP 和 Apache 搭配可组成小型数据库应用系统良好的开发环境，所以很多个人用户和中小型企业的数据库系统的开发往往都选择 MySQL 作为数据库管理系统。

2.2.5　选择数据库管理系统产品的依据

在实际建立数据库系统时，选择什么数据库管理系统产品也是十分重要的，选择数据库管理系统产品时一般应从以下几个方面予以考虑。

1．构造数据库的难易程度

需要分析数据库管理系统有没有范式的要求，即是否必须按照系统所规定的数据模型分析现实世界，建立相应的模型；数据库管理语句是否符合国际标准，符合国际标准便于系统的维护、开发、移植；有没有面向用户的易用的开发工具；所支持的数据库容量，数据库的容量特性决定了数据库管理系统的适用范围。

2．程序开发的难易程度

数据库系统除了利用数据库管理系统管理数据，都要开发相应的应用系统以方便用户的使用。因此要考查有无计算机辅助软件工程工具（CASE）：计算机辅助软件工程工具可以帮助开发者根据软件工程的方法提供各开发阶段的维护、编码环境，便于复杂软件的开发、维护；有无第四代语言的开发平台：第四代语言具有非过程语言的设计方法，用户无须编写复杂的过程性代码，易学、易懂、易维护；有无面向对象的设计平台：面向对象的设计思想十分接近人类的逻辑思维方式，便于开发和维护；能否实现对多媒体数据类型的支持：多媒体数据需求是今后发展的趋势，支持多媒体数据类型的数据库管理系统必将减少应用程序的开发和维护工作。

3．数据库管理系统的性能分析

包括性能评估（响应时间、数据单位时间吞吐量）、性能监控（内外存使用情况、系统输入输出速率、SQL 语句的执行、数据库元组控制）、性能管理（参数设定与调整）。

4．对分布式应用的支持

当今大部分应用都是分布式的，所以选择数据库产品要考查其对分布式应用的支持，包括数据透明与网络透明程度。数据透明是指用户在应用中无须指出数据在网络中的什么节点上,数据库管理系统可以自动搜索网络,提取所需数据;网络透明是指用户在应用中无须指出网络所采用的协议。数据库管理系统自动将数据包转换成相应的协议数据。

5. 并行处理能力

考查数据库产品是否支持多 CPU 模式的系统(SMP,CLUSTER,MPP),负载的分配形式,并行处理的颗粒度、范围。

6. 可移植性和可扩展性

可移植性指垂直扩展和水平扩展能力。垂直扩展要求新的平台能够支持低版本的平台,数据库客户机/服务器机制支持集中式管理模式,这样保证用户以前的投资和系统;水平扩展要求满足硬件上的扩展,支持从单 CPU 模式转换成多 CPU 并行计算机模式。

7. 数据完整性约束

数据完整性指数据的正确性和一致性保护,包括实体完整性、参照完整性、复杂的事务规则。关系数据库管理系统产品都能自动实现实体完整性、参照完整性约束,并提供用户定义完整性约束的机制。

8. 并发控制功能

对于多用户数据库管理系统,并发控制功能是必不可少的。因为它面临的是多任务分布环境,可能会有多个用户点在同一时刻对同一数据进行读或写操作,为了保证数据的一致性,需要由数据库管理系统的并发控制功能来完成。评价并发控制的标准应从以下几个方面加以考虑。

(1) 保证查询结果一致性方法。
(2) 数据锁的颗粒度(数据锁的控制范围,表、页、元组等)。
(3) 数据锁的升级管理功能。
(4) 死锁的检测和解决方法。

9. 容错能力

容错能力是考查数据库产品在异常情况下对数据的容错处理能力。一般参照如下评价标准:对于硬件的容错,考查有无磁盘镜像、磁盘双工以及系统双工处理功能;对于软件的容错,考查有无软件方法对异常情况的容错功能。

10. 安全性控制

安全性控制包括安全保密的程度(账户管理、用户权限、网络安全控制、数据安全约束等)。

11. 支持汉字处理能力

支持汉字处理能力包括数据库描述语言的汉字处理能力(表名、域名、数据)和数据库开发工具对汉字的支持能力。

12. 故障恢复能力

当发生自然灾害、突然停电、出现计算机系统硬件故障、软件失效、病毒或严重错误操作时,系统应提供恢复数据库的功能,如定期转存、恢复备份、回滚等,使系统有能力将数据库恢复到损坏以前的状态。

在本实验教程中,选择应用最为广泛的微软公司的 SQL Server 2008 数据库管理系统作为实验环境,在 SQL Server 2008 中建立案例数据库,进行数据管理和访问数据的各种操作。实际进行实验时,学生也可以使用自己熟悉的数据库管理系统产品进行练习,但要注意区别每个数据库管理系统产品的细节差异,对部分语句进行适当调整。

第 3 章　关系数据库语言 SQL 和 Transact-SQL

3.1　SQL 概述

3.1.1　SQL 标准

SQL 是 Structured Query Language 的缩写，即结构化查询语言。作为关系数据库的标准语言，SQL 最初是基于 IBM 的 System R 研制的，1986 年被美国国家标准化组织（ANSI）批准为关系数据库的标准语言；1987 年，国际标准化组织（ISO）把 ANSI SQL 作为国际标准，这个标准在 1992 年进行了修订（SQL-92），1999 年再次修订（SQL-99），2003 年、2008 年和 2011 年分别更新了国际标准。作为一种访问关系型数据库的标准语言，SQL 问世以来得到了最为广泛的应用，著名的商用数据库管理系统产品（如 Oracle、IBM DB2、Sybase、INGRES、MS SQL Server）都支持它，当前十分流行的开源数据库产品（如 Postgre SQL、MySQL 等）也支持它。

一般情况下，提起 SQL 标准，涉及的内容主要是 SQL-92 里最基本或者最核心的一部分。SQL-92 本身是分级的，包括入门级、过渡级、中间级和完全级。不过，SQL 标准包含的内容实在太多，而且有很多特性对新的 SQL 产品也越来越不重要。从 SQL-99 之后，标准中符合程度的定义就不再分级，而是改成了核心兼容性和特性兼容性。

各种不同的数据库管理系统产品对 SQL 的支持往往与标准存在细微的不同，这是因为，有的产品的开发先于标准的公布，另外，各产品开发商为了达到特殊的性能或新的特性，需要对标准进行扩展。

3.1.2　SQL 的特点

SQL 集数据查询（Data Query）、数据操纵（Data Manipulation）、数据定义（Data Definition）和数据控制（Data Control）功能于一体，是一个通用的、功能极强的关系数据库语言，充分体现了关系数据语言的特点和优点。

1. 综合统一

SQL 集数据定义语言（DDL）、数据操纵语言（DML）、数据控制语言（DCL）的功能于一体，语言风格统一，可以独立完成数据库生命周期中的全部活动，包括定义数据库、定义关系模式、录入数据以及数据库的查询、更新、维护、数据库重构、数据库安全性、完整性控制等一系列操作要求,这就为数据库应用系统开发提供了良好的环境,在数据库系统建成投入运行后,还可根据用户需要随时、逐步地修改模式,并不影响数据库系统的运行,从而使系统具有良好的可扩充性。

2. 高度非过程化

非关系数据模型的数据操纵语言是面向过程的语言,用其完成数据操作请求,必须指定存取路径,对用户极其不便。采用 SQL 进行数据操作,用户只须提出"做什么",而不必指明"怎么做",因此用户无须了解存取路径,存取路径的选择以及 SQL 语句的操作过程均由数据库管理系统自动完成。这不但大大减轻了用户负担,也有利于提高数据独立性。

3. 面向集合的操作方式

SQL 采用集合操作方式,不仅查询结果是元组的集合,数据查询、插入、删除、更新操作的对象也是元组的集合。

而非关系数据模型采用的是面向记录的操作方式,任何一个操作其对象都只能是一条记录。例如,查询所有平均成绩在 80 分以上的学生姓名,用户必须说明完成该请求的具体处理过程,即如何用循环结构按照某条路径一条一条地把满足条件的学生记录读取出来。

4. 以同一种语法结构提供两种使用方式

SQL 有两种使用方式,既是自含式语言,又是嵌入式语言。作为自含式语言,它能够独立地用于联机交互使用方式,用户可以在数据库管理系统的环境中,从终端键盘上直接输入 SQL 命令语句对数据库进行操作;作为嵌入式语言,SQL 语句能够嵌入到高级语言(例如 C、C++、PB、Java、PHP、Python 等)编写的程序中,供程序员在应用程序中访问数据库时使用;且在两种不同的使用方式下,SQL 的语法结构基本上是一致的。这种以统一的语法结构提供两种不同使用方式的机制,为用户提供了极大的灵活性与方便性。

5. 语言简洁,易学易用

SQL 功能极其强大,但是十分简洁,易学易用,完成数据管理的核心功能只用了 10 个命令动词,如表 3-1 所示,并且 SQL 的语法类似于英语自然语言,学习和使用均十分简单。

表 3-1 SQL 的命令动词

SQL 功能	命 令 动 词
数据定义	CREATE、DROP、ALTER
数据查询	SELECT
数据操纵	INSERT、UPDATE、DELETE
数据控制	GRANT、REVOKE、DENY

3.1.3　Transact-SQL

SQL 作为关系数据库的标准语言,被关系数据库管理系统产品广泛采用,如 Oracle、MS SQL Server、IBM DB2、Informix、MySQL、Sybase 等数据库系统。各种数据库管理系统产品在支持标准 SQL 的同时,往往又增加一些自己的特定功能,形成各具特色的 SQL 版本。Transact-SQL(T-SQL)就是 Microsoft 公司在其数据库管理系统产品 MS SQL Server 中对 ANSI 标准 SQL 的一个实现。

Transact-SQL 是结构化查询语言 SQL 的增强版本,与 ANSI SQL 标准兼容,而且在标准 SQL 的基础上还进行了许多扩展,更加方便用户使用。Transact-SQL 已经成为 SQL Server 数据库管理系统的核心。

3.1.4　SQL 规范

为了使读者能够方便地阅读本书中关于 SQL 的内容,首先简要说明本书中 SQL 语句的书写格式,在介绍 SQL 语句的基本语法结构时,语句成分的基本书写格式如表 3-2 所示。

表 3-2　SQL 语句格式说明

语句成分	表达格式	说明
SQL 关键字	大写字母	如 SELECT、INSERT
用户必须提供的参数	用"< >"括起来,"<"和">"不是语句成分	SQL 语句中用户必须提供的信息,如 <表名>、<列名>
多选一选项	用"|"分隔,"|"不是语句成分	如　ASC|DESC
可选项	用"[]"括起来,"["和"]"不是语句成分	如　[TOP 2]
重复项	[, ... ,n],重复多次,用","分隔	
重复项	[...n],重复多次,用" "空格分隔	
注释	用"--"引导或放在"/ * "与" * /"之间	

注意:在本书的例题中,为输入方便,SQL 语句一般都用大写字母书写,但实际应用中,SQL 并不区分大小写,用大写或小写输入都可以。

在数据库管理系统中和在编程语言中输入 SQL 语句时,多个语句成分之间用一个或多个空格分隔,语句中并列元素之间用逗号分隔,字符串用单引号括起来,切记一定要用英文标点符号!

3.2 实例数据库

3.2.1 供应管理数据库

本章在介绍 SQL 的各项功能时,大部分举例都采用一个实例数据库——供应管理数据库 SPJ,该数据库是记录一些供应商供应多个工程项目各种零部件数据的,实际应用中,每个供应商可以给多个工程项目供应多种零部件,每个工程项目可以使用多个供应商供应的多种零部件,每种零部件可以由多个供应商供应,被多个工程项目使用,因此供应商、工程项目、零部件三者之间是多对多的联系。供应管理数据库的概念结构 E-R 图如图 3-1 所示(实体的属性在图中省略)。

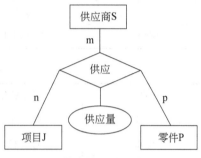

图 3-1　供应管理数据库 E-R 图

SPJ 数据库包括 S,P,J,SPJ 四个关系模式。

(1) 供应商表 S(SNO,SNAME,STAT,CITY)。

供应商表 S 的属性有供应商代码(SNO)、供应商名(SNAME)、供应商资质状态(STAT)、供应商所在城市(CIIY)属性,供应商代码(SNO)是主码。

(2) 零部件表 P(PNO,PNAME,COLOR,WT)。

零件表 P 的属性有零件代码(PNO)、零件名(PNAME)、颜色(COLOR)、重量(WT)属性,零件代码(PNO)是主码。

(3) 工程项目表 J(JNO,JNAME,CITY)。

工程项目表 J 的属性有工程项目代码(JNO)、工程项目名(JNAME)、工程项目所在城市(CITY)属性,工程项目代码(JNO)是主码。

(4) 供应情况表 SPJ(SNO,PNO,JNO,QTY)。

供应情况表 SPJ 有供应商代码(SNO)、零件代码(PNO)、工程项目代码(JNO)、供应量(QTY)属性,QTY 表示某供应商供应某种零件给某工程项目的数量,供应商代码(SNO)、零件代码(PNO)、工程项目代码(JNO)三者的组合是主码,供应商代码(SNO)、零件代码(PNO)、工程项目代码(JNO)三者均是外码,分别参照供应商、零部件、工程项目三个表的主码。

3.2.2 供应管理数据库实例数据

为方便举例,本书为 SPJ 数据库中的基本表设计了一些实例数据,见表 3-3～表 3-6。读者在进行实际操作练习时可以根据需要向表中添加更多的数据。

表 3-3　供应商表 S

SNO	SNAME	STAT	CITY
S001	天津安贝儿	B	天津
S002	北京启明星	A	北京
S003	北京新天地	C	北京
S004	天津丰泰盛	B	天津
S005	上海普丰	C	上海
S006	合肥四达	B	合肥

表 3-4　零部件表 P

PNO	PNAME	COLOR	WT
P001	螺　母	红	12
P002	螺　栓	绿	17
P003	螺钉旋具	蓝	14
P004	螺钉旋具	红	14
P005	凸　轮	蓝	40
P006	齿　轮	红	30

表 3-5　工程项目表 J

JNO	JNAME	CITY
J001	北京三建	北京
J002	长春一汽	长春
J003	新安弹簧厂	天津
J004	临江造船厂	天津
J005	唐山机车厂	唐山
J006	新新无线电厂	常州
J007	铭泰半导体厂	南京

表 3-6　供应情况表 SPJ

SNO	PNO	JNO	QTY
S001	P001	J001	200
S001	P001	J003	100
S001	P001	J004	700
S001	P002	J002	100

SNO	PNO	JNO	QTY
S002	P003	J001	400
S002	P003	J002	200
S002	P003	J004	500
S002	P003	J005	400
S002	P005	J001	400
S002	P005	J002	100
S003	P001	J001	200
S003	P003	J001	200
S004	P005	J001	100
S004	P006	J003	300
S004	P006	J004	200
S005	P002	J004	100
S005	P003	J001	200
S005	P006	J002	200
S005	P006	J004	500

3.3 数据定义功能

SQL 的数据定义功能用来定义数据库中各种对象,包括定义数据库、定义基本表、定义索引和定义视图等。

3.3.1 定义数据库

数据库是数据库系统管理和维护的核心对象,包括系统所需的全部数据。使用数据库进行数据管理的第一步就是定义数据库,包括创建数据库、修改数据库和删除数据库功能。

1. 创建数据库

当使用数据库存储数据时,首先必须在数据库管理系统(DBMS)中创建一个数据库。在一般的关系数据库管理系统产品中,一个数据库至少包含一个数据文件和一个事务日志文件。数据文件存放数据库的所有数据,事务日志文件存放访问数据库的事务日志。

在 SQL 中,可以使用 CREATE DATABASE 来创建数据库,创建数据库最简单的语法如下(所有参数均使用默认值):

```
CREATE DATABASE <database_name>
```

例如,创建"学籍管理系统"数据库,语句如下:

```
CREATE DATABASE 学籍管理系统
```

如果在创建数据库时需要指明确定的数据库文件、文件的大小以及文件的增长方式等,则需要使用 CREATE DATABASE 的完整语法格式,语句如下:

```
CREATE DATABASE <database_name>
[
ON [PRIMARY]
[ (NAME =<logical_name>,
     FILENAME =<'path'>
     [,SIZE <database_size>]
     [,MAXSIZE =<database_max_size>]
     [,FILEGROWTH =<growth_increment>])
[,FILEGROUP filegroup_name<>
[ (NAME =<datafile_name>,
     FILENAME =<'path'>
     [,SIZE =<datafile_size>]
     [,MAXSIZE =<datafile_max_size>]
     [,FILEGROWTH =<growth_increment>]) ] ]
]
[
LOG ON
[ (NAME =<logfile_name>,
     FILENAME =<'path'>
     [,SIZE =<logfile_size>]
     [,MAXSIZE =<logfile_max_size>]
     [,FILEGROWTH =<growth_increment>]) ]
]
```

在上述语句中,各关键字作用如下:

- ON 关键字用来创建数据库的数据文件,使用 PRIMARY 选项表示创建的是主数据文件。
- FILEGROUP 关键字用来创建数据文件组。
- LOG ON 关键字用来创建数据库的事务日志文件。
- NAME 后面的参数为所创建文件在数据库管理系统中的文件名称。
- FILENAME 其后的字符串指出了各文件在操作系统中存储的路径名。
- SIZE 定义文件初始化大小。
- MAXSIZE 指定了文件的最大容量。
- FILEGROWTH 指定了文件的增长方式(可以是每次增长的空间大小,也可以按百分比增长)。

【例 3-1】 使用 CREATE DATABASE 创建 SPJ 数据库。

（1）使用 SQL 语句创建数据库。

创建 SPJ 数据库的 SQL 语句如下：

```
CREATE DATABASE SPJ
ON
(NAME=SPJ_DATA,
FILENAME='D:\SQL Server\DATABASE\SPJ_ DATA.mdf',
SIZE=8MB,
MAXSIZE=20MB,
FILEGROWTH=10%
)
LOG ON
(NAME=SPJ_LOG,
FILENAME='D:\SQL Server\DATABASE\SPJ_LOG.ldf',
SIZE=4MB,
MAXSIZE=10MB,
FILEGROWTH=5%
)
```

上述语句中使用 CREATE DATABASE 后参数指定数据库名称为 SPJ，"NAME＝"后面的参数指定了数据库系统的主文件名称为 SPJ_DATA，"FILENAME＝"后面指定了数据库主文件 SPJ_DATA 的存储路径为"D：\SQL Server\DATABASE\ SPJ_DATA.mdf"，"SIZE＝"指定主文件的初始大小为 8MB，"MAXSIZE＝"指定数据文件大小的最大值为 20MB，"FILEGROWTH＝"指定了主文件的增长方式是按照百分比增长，每次增加 10％的存储空间。LOG ON 关键词后的语句部分用来指定日志文件的各个相关属性，各参数的作用与数据文件相同。

（2）使用交互式向导方式创建数据库。

SQL 提供两种使用方式：交互式和嵌入式，既可以用 CREATE DATABASE 语句创建数据库，也可以在 SQL Server 中用交互式向导方式根据界面提示创建数据库。实际应用中大多使用交互式方式直观地创建数据库对象。

利用 SQL Server 2008 中的 Management Studio 图形工具向导交互式建立数据库的步骤如下。

（1）启动 SQL Server 2008。

依次单击"开始"→"所有程序"→ Microsoft SQL Server 2008 → SQL Server Management Studio，启动 SQL Server 2008 数据库管理系统。

（2）登录数据库服务器。

单击"连接到服务器"对话框中的连接按钮，连接到 SQL Server 2008 数据库服务器。

（3）创建数据库"SPJ"。

在 SQL Server 2008 数据库管理系统的左边栏"对象资源管理器"中，右击数据库对象，在弹出的快捷菜单中单击"新建数据库"命令，如图 3-2 所示。

图 3-2　新建数据库菜单

在弹出的"新建数据库"对话框中输入数据库名称 SPJ,改变数据库的初始大小、增长方式(如图 3-3 所示),以及数据文件、日志文件的存储路径,单击"确定"按钮。

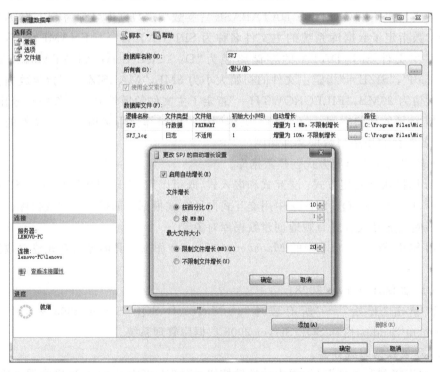

图 3-3　更改数据库增长方式对话框

创建数据库之后,在左侧的对象资源管理器中右击"数据库",在弹出的快捷菜单中单击"刷新"按钮,可以看到新建的数据库对象 SPJ。

2．修改数据库

在后期使用数据库时，根据用户需求的变化，有时需要对数据库名称进行修改或者更新。SQL 使用 ALTER DATABASE 语句修改数据库名称。语法格式如下：

```
ALTER DATABASE <database_name>
MODIFY NAME=<new databse_name>
```

语句中<database_name>为原数据库名，<new databse_name>为修改后的新数据库名。

【例 3-2】 将数据库名 SPJ 改为"零件供应系统"。

语句如下：

```
ALTER DATABASE SPJ MODIFY NAME=零件供应系统;
```

3．删除数据库

如果数据库不再使用，可以使用 DROP DATABASE 语句删除数据库。语法格式如下：

```
DROP DATABASE  <database_name>[,..,n]
```

【例 3-3】 删除"零件供应系统"数据库。

语句如下：

```
DROP DATABASE 零件供应系统;
```

注意：在使用 DROP 语句删除数据库时不会出现确认信息，所以使用该语句删除时一定要谨慎，尤其是不能删除系统数据库，否则可能导致相应的数据库管理系统无法使用。

3.3.2 定义基本表

用 CREATE DATABASE 语句定义了数据库，只是向计算机操作系统为该数据库申请了所需要的命名空间，进一步需要在空间里建立数据库的所有关系模式，即基本表，基本表的定义保存在数据库的数据字典中。关系数据库系统中，所有数据都是存放在基本表里，绝大部分的数据操作都是针对基本表进行的，比如，数据查询、数据更新、视图管理、索引管理等。

定义基本表时，要说明表名、表中属性列的列名、数据类型等。SQL 支持的基本数据类型见表 3-7，各个数据库管理系统产品通常提供更多更丰富的数据类型。

表 3-7 SQL 支持的数据类型

数 据 类 型	含　　义
CHAR(n)	长度为 n 的定长字符串
VARCHAR(n)	最大长度为 n 的变长字符串
INT	长整数（也可以写作 INTEGER）
SMALLINT	短整数

数 据 类 型	含　　义
NUMERIC(p,d)	定点数,由 p 位数字(不包括符号、小数点)组成,小数点后面有 d 位小数
REAL	取决于机器精度的浮点数
Double Precision	取决于机器精度的双精度浮点数
FLOAT(n)	浮点数,精度至少为 n 位数字
DATE	日期,包含年、月、日,格式为 YYYY-MM-DD
TIME	时间,包含一日的时、分、秒,格式为 HH:MM:SS

SQL Server 支持的数据类型更为丰富,可以在 SQL Server 的 Management Studio 中交互式定义基本表时查看数据类型下拉列表,也可以查阅 SQL Server 的联机手册或相关参考资料,本书 3.11 节中也有简单介绍。

1. 定义基本表

定义基本表的语句是 CREATE TABLE,语句的语法格式如下:

```
CREATE TABLE [database_name.[owner]].<table_name>
(
{ <column_definition>|<column_name>  AS <computed_column_expression>|
    <table_constraint>}|[{PRIMARY KEY|UNIQUE } [ ,...,n ]
)
[ON {<filegroup>|DEFAULT}]
[TEXTIMAGE_ON {<filegroup>|DEFAULT}];
```

其中,属性列定义如下:

```
<column_definition>::={<column_name>  <data_type>}
[[DEFAULT <constant_expression>]|[IDENTITY [(<seed>,<increment >)]]]
[<column_constraint>][,...,n]
```

上述语法格式中参数的简要说明如下:

- database_name 可选参数,用于指定在哪个数据库中创建数据表的数据库名称。
- owner 可选参数,用于指定创建该数据表的所有者。
- <table_name> 用于指定数据表的名称。
- <column_definition> 用于定义数据表中的字段,多个字段的定义之间用逗号分隔。
- <computed_column_expression> 用于定义计算字段值的表达式。
- <table_constraint> 定义表级约束。
- ON {filegroup|DEFAULT}可选参数,用于指定数据表所存储的文件组。
- TEXTIMAGE_ON {filegroup|DEFAULT}可选参数,用于指定数据表中 TEXT 和 IMAGE 文件所在存储文件组。

- 在<column_definition>中：

  <data_type> 用于指定数据表中各个字段的数据类型。

  <constant_expression> 用于指定字段默认值的常量、NULL 或者系统函数。

  IDENTITY 用于指定该字段为标识字段。

  <seed>用于定义标识字段的起始值。数据库管理系统允许给基本表定义一个 IDENTITY 类型的标识字段，作为元祖的唯一标识，IDENTITY 字段的值从初值 <seed>开始，以步长<increment>自动递增。

SQL 提供两种使用方式：交互式和嵌入式。在 SQL Server 中，既可以使用 SQL 语句创建基本表，也可以用交互式向导方式创建基本表，系统会自动生成相应的创建基本表的语句，可以右击目标表，依次单击菜单中的"编辑表脚本为"→"CREATE 到"→"新查询编辑器窗口"，查看系统生成的创建目标表的 SQL 语句。

【例 3-4】 利用 SQL Server 2008 的 Management Studio 交互式向导创建供应商表 S。根据应用需要，设定供应商表 S 的各属性列信息，见表 3-8。

表 3-8 供应商基本表 S 的属性信息

属 性 列	数 据 类 型	是否为空/约束条件
SNO	CHAR(4)	主码，否
SNAME	CHAR(20)	否
STAT	CHAR(2)	A、B、C
CITY	CHAR(10)	否

（1）打开 SQL Server 2008 的 Management Studio，在对象资源管理器中，单击 SPJ 数据库对象"⊞ 🛢 SPJ "左侧的"＋"，将其下属对象展开，右击"表"对象，在快捷菜单中单击"新建表"，如图 3-4 所示。

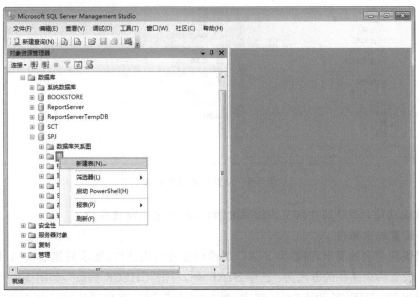

图 3-4 新建表示意图

在打开的创建表的窗口中,按照要求进行建表操作,如图 3-5 所示。

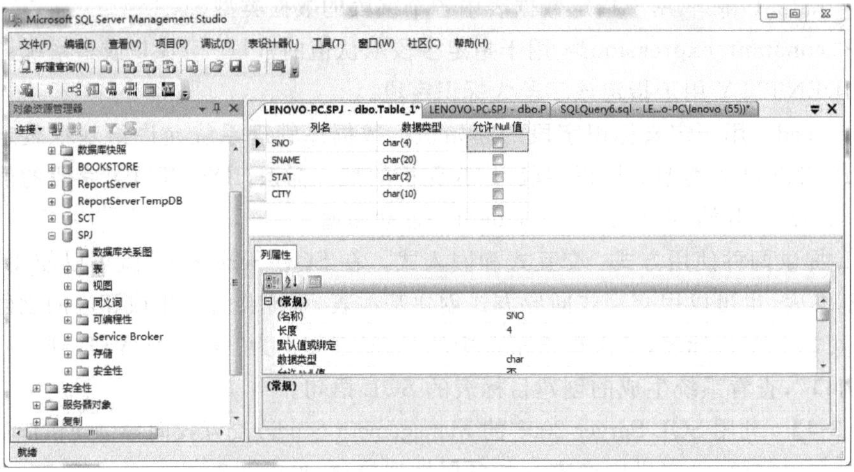

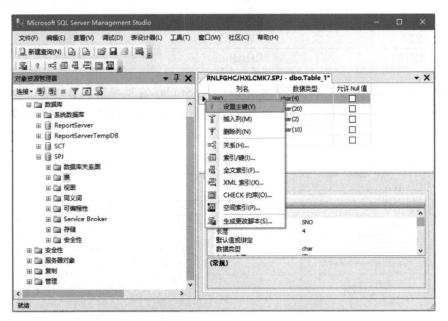

图 3-5 交互式建立供应商表 S 的属性列

根据表定义要求,将供应商号 SNO 属性设置为主码,方法为:右击 SNO 这一列,单击"设置主键"命令,如图 3-6 所示。

图 3-6 设置主键快捷菜单

设置成功后,SNO 属性列左边出现 ┃▧ SNO ,表示主码设置成功。

(2) 设置约束条件。

根据供应商表的要求,需要为 STAT 属性列设置约束条件,要求只能输入 A、B、C 三种属性值。设置约束条件的方法为:选中 STAT 列,右击"CHECK 约束",如图 3-7 所示。

在弹出的"CHECK 约束"对话框中,单击"添加"按钮,在出现的对话框中将"标识"名

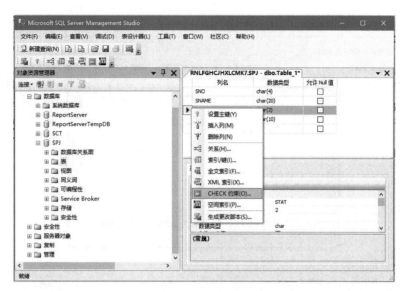

图 3-7　设置 CHECK 约束快捷菜单

称改为"CK_S_STAT",如图 3-8 所示。

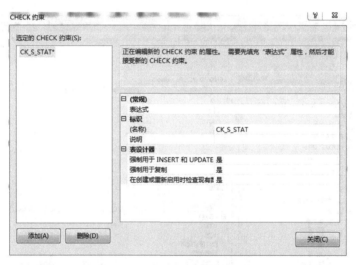

图 3-8　设置 CHECK 约束标识名

在此对话框中单击"常规"属性栏的"表达式",再单击后面空白处出现的小按钮，
弹出"CHECK 约束表达式"对话框,在此对话框中输入约束条件"STAT ='A' OR STAT =
'B'OR STAT='C'"(如图 3-9 所示),单击"确定"按钮,再单击"关闭"按钮即可。

(3)保存表。

单击工具栏上的"保存"按钮,在弹出的对话框中输入表名 S,单击"确定"按钮即可。

(4)查看表。

右击对象资源管理器中的 SPJ 中的"表",单击"刷新"按钮即可看到新建立的表,如
图 3-10 所示。

图 3-9　CHECK 约束表达式

图 3-10　查看供应商表 S

　　注意：采用交互式方式定义基本表，选择列的数据类型时，要根据实际应用的要求决定。对于字符型内容，要慎用变长字符串类型（VARCHAR）；整数类型列应根据实际取值的大小范围选择 TINYINT、SMALLINT、INT 等。

　　【例 3-5】　在查询分析器中利用 SQL 语句在 SPJ 数据库中创建 S 表（供应商表），将供应商号 SNO 定义为主码，并建立对 STAT 属性的取值约束。

例如：

（1）双击打开 SQL Server 2008，在弹出的"连接到服务器"对话框中单击"连接"按钮，连接到数据库服务器。

（2）新建表 SQL 脚本。

单击工具栏中的"新建查询"按钮，在新建查询窗口中输入创建表的 SQL 语句，建立 S 表（如图 3-11 所示），其中，创建表的 SQL 语句如下：

```
CREATE TABLE S
(
SNO    char(4) PRIMARY KEY,
SNAME   char(20),
STAT   char(2) CHECK (STAT IN ('A', 'B', 'C')),
CITY   char(10)
);
```

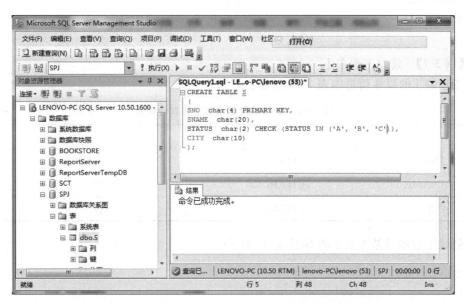

图 3-11　用 CREATE TABLE 语句创建供应商表

（3）单击工具栏中的 ▶执行(X) 按钮，运行 SQL 语句，完成 S 表的创建工作（如果 S 表已经存在，则该语句不能运行，需要先把存在的 S 表删除）。在左侧的"对象资源管理器"中，"刷新"即可看到新建的供应商表 S，结果和图 3-10 所示一样。

由于篇幅所限，对于供应管理数据库的零件 P、工程 J 和供应 SPJ 基本表的建立参照 S 表的建立过程，这里不再赘述。下面给出每个表的属性信息列表以及建立表的 SQL 语句。

【例 3-6】　建立零件表 P。

零件表 P 的属性信息如表 3-9 所示。

表 3-9 零件基本表的属性信息

属 性 列	数 据 类 型	是否为空/约束条件
PNO	CHAR(4)	主码,否
PNAME	CHAR(10)	否
COLOR	CHAR(2)	"红""黄""蓝"……
WT	SMALLINT	否

创建零件基本表 P 的 SQL 语句如下:

```
CREATE TABLE P
(
PNO CHAR(4)  PRIMARY KEY,
PNAME CHAR(10),
COLOR CHAR(2),
WT SMALLINT
);
```

【例 3-7】 建立工程表 J。

工程表 J 的属性信息如表 3-10 所示。

表 3-10 工程项目基本表 J 的属性信息

属 性 列	数 据 类 型	是否为空/约束条件
JNO	CHAR(4)	主码,否
JNAME	CHAR(20)	否
CITY	CHAR(10)	否

创建工程项目基本表 J 的 SQL 语句如下:

```
CREATE TABLE J
(
JNO CHAR(4)  PRIMARY KEY,
JNAME CHAR(20),
CITY CHAR(10)
);
```

【例 3-8】 建立供应表 SPJ。

基本表 SPJ 的属性信息如表 3-11 所示,(SNO,PNO,JNO)属性组是主码。

表 3-11 基本表 SPJ 的属性信息

属 性 列	数 据 类 型	是否为空/约束条件
SNO	CHAR(4)	主属性,否
PNO	CHAR(4)	主属性,否

续表

属　性　列	数　据　类　型	是否为空/约束条件
JNO	CHAR(4)	主属性,否
QTY	INT	是

创建基本表 SPJ 的 SQL 语句如下：

```
CREATE TABLE SPJ
(
SNO    char(4) NOT NULL,
PNO    char(4) NOT NULL,
JNO    char(4) NOT NULL,
QTY    int,
PRIMARY   KEY  (SNO,PNO,JNO)
);
```

在上述语句中,将（SNO,PNO,JNO）作为一个整体定义为主码,因为在数据表中只有它们三个属性构成的整体能够唯一标识表中的元组。在多个字段组合上设置主码,不能在列定义后面直接使用 PRIMARY KEY,必须使用表级完整性约束条件来设置主码,表级完整性约束条件放在所有列定义结束之后。

也可以用如下语句在创建表的同时定义主码和外部码,且对主码和外部码约束进行命名：

```
CREATE TABLE SPJ
(
SNO    char(4) NOT NULL,
PNO    char(4) NOT NULL,
JNO    char(4) NOT NULL,
QTY    int,
CONSTRAINT SPJ_pk PRIMARY KEY (SNO,PNO,JNO),
CONSTRAINT SPJ_fkSNO FOREIGN KEY (SNO) REFERENCES S(SNO),
CONSTRAINT SPJ_fkPNO FOREIGN KEY (PNO) REFERENCES P(PNO),
CONSTRAINT SPJ_fkJNO FOREIGN KEY (JNO) REFERENCES J(JNO)
);
```

注意：上面语句在建立 SPJ 表时,分别对 SPJ 表的属性供应商号 SNO、零件号 PNO 和工程号 JNO 增加了外部码约束。外部码约束规定 SPJ 表的这三个属性值分别来源于 S 表、P 表和 J 表的主码字段值,如果没有 S 表中的相应的 SNO、P 表中的 PNO 或 J 表中的 JNO 的属性值,那么为 SPJ 表增加数据记录是不符合逻辑的,违反了数据的参照完整性约束条件。新建表时利用子句"CONSTRAINT ＜约束名称＞ FORTIGN KEY(＜属性名＞) REFERENCES ＜表名(属性名)＞"建立外部码约束,则可以保证插入到表中的数据都是符合参照完整性约束条件的。

2. 修改基本表

当创建完基本表之后,在使用的过程中可以根据需要对基本表进行必要的修改,修改基本表功能主要包括修改表的名称、修改字段的数据类型以及增加新属性列等,还可以删除命名的约束条件等。语法格式如下:

```
ALTER TABLE <表名>
[ ADD <新列名><数据类型>[ 完整性约束 ] ]
[ DROP <完整性约束名>]
[ ALTER COLUMN<列名><数据类型>];
```

(1) 修改表名称。

使用系统提供的存储过程 sp_rename 语句可以对数据表进行重命名。

【例 3-9】 将 SPJ 表重命名为"零件供应情况表"。

```
EXEC sp_rename 'SPJ',   '零件供应情况表'
```

(2) 修改列属性。

使用 ALTER TABLE 语句不仅可以添加新列和删除列的命名约束,还可以对列的属性进行修改。

【例 3-10】 将 S 表中的属性列 SNAME 的数据类型改为 nvarchar(10),并且允许为空。

```
ALTER TABLE S
ALTER COLUMN SNAME nvarchar(10) NULL;
```

(3) 添加属性列。

通过使用 ALTER TABLE 语句,同样可以添加/删除基本表的属性列。

【例 3-11】 增加供应商电话号码属性列 TEL,其数据类型为字符型,宽度为 12。

```
ALTER TABLE S ADD TEL   CHAR(12);
```

【例 3-12】 将 TEL 的数据类型由字符型改为整数。

```
ALTER TABLE S ALTER COLUMN TEL INT;
```

不论基本表中原来是否已有数据,新增加的列取值一律为空值。

(4) 删除属性列。

删除属性列可以使用 DROP COLUMN 语句。

【例 3-13】 将 S 表中 TEL 列删除。

```
ALTER TABLE S
DROP COLUMN TEL;
```

3. 删除基本表

当不再需要某个基本表时,可以使用 DROP TABLE 语句将基本表删除。

【例 3-14】 将 SPJ 表删除。

```
DROP TABLE SPJ;
```

注意：使用 DROP TABLE 语句删除的是基本表本身，即将基本表的定义和表中的数据一起删除，表上建立的索引、视图、触发器等一般也将被删除。如果只是想删除基本表中的数据而保留基本表的定义，则不能使用 DROP TABLE 语句，而必须使用后面数据更新功能中介绍的 DELETE 语句。

3.3.3 定义索引

索引是加快数据查询速度的有效手段，它主要用于建立存取路径，提高数据库访问性能。索引是关系数据库的内部实现技术，属于数据库系统三级模式中内模式的范畴。

数据库管理员 DBA 或表的属主 DBO（即创建基本表的用户）可以根据需要，在基本表上建立一个或多个索引，DBMS 一般会自动建立具有 PRIMARY KEY、UNIQUE 约束的属性列上的索引。

索引的定义保存在数据库的数据字典中。索引建立之后，DBMS 系统会随着基本表中数据的变化自动维护索引表，在进行数据查询操作时，数据库管理系统会自动选择是否使用索引以及使用哪些索引（这称为数据库管理系统的查询优化功能），以快速定位数据的存储位置。

1. 创建索引

使用 CREATE INDEX 语句可以在基本表上创建索引，可以定义索引是唯一索引、非唯一索引或聚簇索引，其基本语法格式如下：

```
CREATE [ UNIQUE ] [ CLUSTERED | NONCLUSTERED ] INDEX <index_name>
    ON <object>(<column>[ ASC | DESC ] [ ,...,n ] )
    [ WHERE <filter_predicate>]
```

上述语法格式中参数的简要说明如下：

- UNIQUE 为基本表或视图创建唯一性索引，即索引列属性取值必须具有唯一性，不允许重复值出现。
- CLUSTERED 为基本表创建聚簇索引。为基本表的某属性列创建聚簇索引，则基本表中元组必须按该属性值进行物理排序，建立聚簇索引的一般规则是：在最经常查询的列上可以建立聚簇索引以提高查询效率；一个基本表上最多只能建立一个聚簇索引；经常更新的列不宜建立聚簇索引（因为维护开销大）。
- NONCLUSTERED 为表创建非聚集索引，这是[CLUSTERED | NONCLUSTERED]选项的默认值。
- <index_name> 索引的名称。
- <object> 索引所在的基本表对象。
- <column> 索引所基于的一列属性或多列属性。

- [ASC | DESC]确定特定索引列的升序或降序排序方向,默认值为升序 ASC。
- WHERE <filter_predicate>通过指定索引中要包含哪些行来创建筛选索引。

【例 3-15】 在 S 表上为属性列 SNAME 创建一个非聚簇索引 idx_SNAME,限定供应商名称唯一。

```
CREATE   UNIQUE NONCLUSTERED INDEX idx_SNAME
ON S(SNAME);
```

【例 3-16】 为供应管理数据库中的 S,P,J,SPJ 四个表建立索引,具体要求如下:
- S 表按供应商号升序建唯一索引。
- P 表按零件号升序建唯一索引。
- J 表按工程号升序建唯一索引。
- SPJ 表按供应商号升序、零件号升序、工程号降序建唯一索引。

```
CREATE UNIQUE INDEX  idx_Sno   ON  S(Sno);
CREATE UNIQUE INDEX  idx_Pno   ON  P(Pno);
CREATE UNIQUE INDEX  idx_Jno   ON  J(Jno);
CREATE UNIQUE INDEX  idx_SPJno  ON  SPJ(Sno ASC, Pno ASC, JNO DESC);
```

2. 修改索引

有时当数据更改了以后,需要重新生成索引、重新组织索引或者禁止索引,这些操作统称为修改索引。可以使用 ALTER INDEX 语句完成。其基本语法格式如下:

```
ALTER INDEX <index_name>
ON <table_name>[ REBUILD|REORGANIZE|DISABLE]
```

各选项含义为:
(1) REBUILD:重新生成索引。
(2) REORGANIZE:重新组织索引。
(3) DISABLE:禁用索引。

【例 3-17】 禁用 S 表上的 idx_SNAME 索引。

```
ALTER INDEX idx_SNAME ON S DISABLE;
```

3. 删除索引

当不再需要某个索引时,可以用过 DROP INDEX 语句将该索引删除,语法格式如下:

```
DROP INDEX <table_name>.<index_name>
```

或

```
DROP INDEX <index_name>ON <table_name>
```

【例 3-18】 删除 S 表上的 idx_SNAME 索引。

```
DROP INDEX   S.idx_SNAME;
```

或

```
DROP INDEX   idx_SNAME ON   S;
```

3.4 数据查询功能

数据查询是数据库系统最核心的功能,SQL 实现数据查询的命令是 SELECT,尽管就一个命令,但其功能极其强大,可以灵活运用,实现数据库中数据查询的所有要求。

3.4.1 SELECT 语句的基本语法

关系数据库中,SELECT 语句是最简单也是使用最频繁的查询语句,功能十分强大,可以满足数据库数据查询的全部要求。SELECT 语句的基本语法格式如下:

```
SELECT [ALL|DISTINCT|TOP n]<目标列表达式>
        [,<目标列表达式>]…
FROM <表名或视图名>[, <表名或视图名>]…
[INTO <新表名>]
[ WHERE <条件表达式 1>]
[ GROUP BY <列名 1>[ HAVING <条件表达式 2>]]
[ ORDER BY <列名 2>[ ASC|DESC ] ];
```

上述语法格式中参数的简要说明如下:
- ALL|DISTINCT 标识在查询结果集中是否显示相同行。
- <目标列表达式>[,<目标列表达式>] … 指定查询结果集中要显示的目标列。
- INTO<新表名> 将查询结果集插入一个新的数据表中。
- FROM <表名或视图名>[,<表名或视图名>] 指定查询操作的数据源,可以是一个或多个基本表或视图。
- WHERE<条件表达式 1> 指定限定返回行的搜索条件。
- GROUP BY<列名 1> 指定查询结果的分组条件。
- HAVING<条件表达式 2> 指定组或者聚合的搜索条件,必须与 GROUP BY 配合使用。
- ORDER BY<列名 2> [ASC|DESC]指定查询结果集的排序方式,ASC 为升序,DESC 为降序,默认为 ASC 升序。

SELECT 语句灵活多变,可以实现数据库的各种数据查询要求,也是数据更新操作的基础,是学习关系数据库 SQL 的重中之重。本节内容按查询语句的功能和表达方式进行较为详细的介绍。

3.4.2 简单查询

如果用户的数据查询要求仅仅从一个基本表中就可以获得结果,则该查询称为简单查询。简单查询可以有多种表达形式,以获得满足不同要求的查询结果及表现形式。

注意,本小节介绍的多种表达形式在其他查询形式中同样适用。

1. 选择表中的若干列

选择表中的若干列,对应于关系的投影操作。在 SELECT 语句中,需要对目标列加以说明,这有多种灵活的方式。

1) 查询指定列

【例 3-19】 查询全体供应商的供应商号与供应商名。

```
SELECT Sno,Sname
FROM S;
```

【例 3-20】 查询全体供应商的供应商号、供应商名与所在城市。

```
SELECT Sname,Sno,city
FROM S;
```

2) 查询全部列

查询全部列有两种方式:一种是在 SELECT 关键字后列出基本表中的所有的列名,另一种是如果列的显示顺序与基本表中的顺序相同,则可以将<目标列表达式>[,<目标列表达式>]…指定为通配符"*"。

【例 3-21】 查询供应商表 S 中所有供应商信息。

```
SELECT  SNO,SNAME,STAT,CITY
FROM  S;
```

或者

```
SELECT  *
FROM  S;
```

3) 取消重复元组

在某些情况下,两个原本不相同的元组投影到指定的某些列上时,可能就成为相同的元组。这种情况下,可以用关键字 DISTINCT 来取消重复元组。

【例 3-22】 查询 S 表中供应商的所在城市。

```
SELECT CITY
FROM  S;
```

执行后可以看到相同的城市被多次显示,此时可以使用 DISTINCT 关键字取消结果集中的重复元组。

```
SELECT DISTINCT CITY
    FROM  S;
```

则执行后相同的城市名只会在结果中出现一次。

4）使用别名查询

在 SELECT 语句中，使用别名也就是为表中的列名另起一个名字，可以用别名改变查询结果的列标题，将数据更直观地展示给用户。

有两种设定别名的方法。

第一种方法符合 ANSI 规则的标准方法，即在列表达式中直接给出列的别名，与字段名并列，用空格分隔。

【例 3-23】 将 SPJ 表中的 SNO，PNO，JNO，QTY 均用中文别名显示出来。

```
SELECT  SNO 供应商代码, PNO 零件代码, JNO 工程代码, QTY 供应数量
FROM  SPJ;
```

第二种方法使用 AS 短语连接表达式和别名，更接近英语自然语言表达方式。

```
SELECT  SNO AS 供应商代码, PNO AS 零件代码, JNO AS 工程代码, QTY AS 供应数量
FROM SPJ;
```

5）查询经过计算的值

在数据查询过程中，SELECT 子句后的＜目标列表达式＞[,＜目标列表达式＞]…可以是一个或几个对某些列进行计算的表达式（算术表达式，字符串常量，函数，列别名等），查询结果则是对这些列计算而得到的结果数据。

【例 3-24】 假设工程项目表 J 中有属性列 STARTYEAR，记录每个工程项目开始年份（可以用 ALTER TABLE 语句给 J 表增加该列的定义，数据类型为 INT），则可以用以下语句查询 J 表中工程项目名及工程项目开展的年数。

```
SELECT  JNAME,2018-STARTYEAR AS YEARS
    FROM  J;
```

在上述语句中，用 2018-STARTYEAR 表达式计算出项目开始至 2018 年的年数。由于计算列在表中没有相应的列名，所以可以用 AS YEARS 短语指定字符串 YEARS 作为该列的别名。

可以使用 COUNT，SUM，AVG，MAX，MIN 等聚合函数，也可以根据需要使用 SQL 提供的其他函数，对属性列进行运算。

2. 选择表中的若干元组（查询满足条件的元组）

选择表中的若干元组，对应于关系的选择操作，需要在 SELECT 语句中说明进行元组选择的条件。

1）使用比较运算符进行条件查询

使用比较运算符可以对查询条件进行限定，WHERE 子句中使用的比较运算符主要有＝、＜、＞、＞＝、＜＝、＜ ＞、!＝等。语法格式如下：

```
WHERE  <表达式 1><比较运算符><表达式 2>
```

其中,<表达式1>和<表达式2>表示要比较的表达式,其中之一应包含关系的属性列。

【例 3-25】 在 P 表中查询红色的零件信息。

```
SELECT   *
FROM   P
WHERE   COLOR='红';
```

【例 3-26】 在 P 表中查询重量超过 20g 的零件信息。

```
SELECT   *
FROM   P
WHERE   WT>20;
```

【例 3-27】 查询北京市全体供应商的名单。

```
SELECT Sname
FROM S
WHERE S.CITY='北京';
```

2) 使用范围运算符进行条件查询

范围运算符包括 BETWEEN 与 NOT BETWEEN,主要用于查询属性值是否在指定范围内的数据。语法格式如下:

```
WHERE <表达式>[NOT] BETWEEN <值 1>AND <值 2>
```

其中,NOT 为可选项,<值 1> 表示范围的下限,<值 2>表示范围的上限。

【例 3-28】 在 P 表中查询重量为 15～30g 的零件信息,包括 15g 和 30g 的零件。

```
SELECT   *
FROM   P
WHERE     WT BETWEEN 15 AND 30;
```

【例 3-29】 在 P 表中查询重量不在 15～30g 的零件信息。

```
SELECT   *
FROM   P
WHERE WT NOT BETWEEN 15 AND 30;
```

3) 使用 IN 运算符进行条件查询(确定集合)

IN 运算符主要用于查询属性值是否属于指定集合的元组。语法格式如下:

```
WHERE <表达式>[NOT] IN (<值列表>)
```

其中,<值列表>可以看成一个集合,则 IN 相当于集合的属于($\in$)运算。

【例 3-30】 在工程项目表 J 中查询在直辖市的工程项目名。

```
SELECT   JNAME
```

```
FROM   J
WHERE   CITY   IN   ('北京', '天津', '上海', '重庆');
```

【例 3-31】　在工程项目表 J 中查询不在北京、天津的工程项目名。

```
SELECT   JNAME
FROM   J
WHERE   CITY   NOT IN   ('北京', '天津');
```

4）使用字符匹配运算符进行条件查询

运用字符匹配运算符可以对数据进行模糊查询。语法格式如下：

```
WHERE <表达式>[NOT] LIKE   <'字符串'>
```

在字符匹配查询中<'字符串'>可以使用通配符，常见的通配符有以下两种：

① ％：匹配任意多个字符。

② _：匹配单个字符（汉字为 2 个字符）。

【例 3-32】　在供应商表 S 中查询 SNAME 为"北京启明星"的供应商信息。

```
SELECT   *
FROM   S
WHERE   SNAME LIKE '北京启明星';
```

如果 LIKE 后面的匹配字符串中不含有通配符，则可用"＝"取代 LIKE。

上例也可写为

```
SELECT   *
FROM   S
WHERE   SNAME ='北京启明星'';
```

【例 3-33】　在工程项目表 J 中查询项目名最后一个字为"厂"字的工程项目号。

```
SELECT   JNO
FROM   J
WHERE   JNAME LIKE '％厂'
```

【例 3-34】　在工程项目表 J 中查询项目名第二个字为"山"且最后一个字为"厂"字的工程项目号和工程项目名。

```
SELECT   JNO,JNAME
FROM   J
WHERE   JNAME LIKE '_山％厂';
```

有的时候，查询目标字符串中包含"％"或"_"，这时可以使用换码字符 ESCAPE '\' 将通配符"％"或"_"转义为普通字符。

【例 3-35】　查询名为 CS_HW 零件的零件号和重量。

```
SELECT   PNO,WT
FROM P
```

```
WHERE PNAME LIKE 'CS\_HW' ESCAPE '\';
```

【例 3-36】 查询以"CS_"开头,且零件名倒数第 3 个字符为'P'的零件的详细情况。

```
SELECT  *
FROM   P
WHERE  PNAME LIKE  'CS\_%P__' ESCAPE '\';
```

ESCAPE '\' 表示字符串中的" \"为换码字符。

5) 涉及空值的查询

空值 NULL 是关系数据库中的特定的概念,表示属性值不确定、未定义。

判断表达式值是否为空值的语法为

```
<表达式>  IS NULL
```

或

```
<表达式>  IS NOT NULL
```

注意:"IS"不能用"="代替,不能写"列名=NULL"这样的表达式。

【例 3-37】 某些供应没有实施,供应量尚不确定,所以有供应记录,但供应量是空值。可以用如下语句查询供应量是空值的供应信息。

```
SELECT *
FROM  SPJ
WHERE QTY IS NULL;
```

【例 3-38】 查询所有供应量明确的供应信息。

```
SELECT *
FROM  SPJ
WHERE QTY IS NOT NULL;
```

6) 使用逻辑运算符进行条件查询(多重条件查询)

逻辑运算符 AND 和 OR 来联结多个查询条件,进行逻辑"与"、逻辑"或"运算,NOT 表示对查询条件进行取反操作。逻辑运算符可以满足用户查询有多个查询条件的要求,可以用逻辑运算符 NOT、AND 和 OR 连接两个或两个以上的查询条件进行逻辑运算,当结果为真时则元组返回查询结果集中。语法格式如下:

```
WHERE [NOT] <表达式 1>  AND|OR  <表达式 2>
```

其中,AND 表示当指定的所有查询条件都成立时返回结果集,OR 表示当指定的所有查询条件只要有一个成立就返回结果集,NOT 表示否定查询条件。NOT 运算优先级最高,AND 的优先级高于 OR,可以用括号改变优先级。

【例 3-39】 在 P 表中查询重量不到 20g 的绿色零件信息。

```
SELECT  *
FROM   P
```

```
WHERE   WT<20   AND   COLOR='绿';
```

【例 3-40】 在 S 表中查询北京或者上海的供应商名。

```
SELECT   SNAME
FROM   S
WHERE   CITY ='北京' OR CITY='上海';
```

3. 排序查询(ORDER BY 子句)

对于使用 SELECT 语句查询出的结果集,可以用 ORDER BY 子句对结果集按一个或多个属性列进行排序,ASC 代表升序,DESC 代表降序,默认值为升序 ASC。基本语法格式为:

```
ORDER BY <列名 1>[ASC|DESC],<列名 2>[ASC|DESC]…
```

【例 3-41】 查询零件表 P 中的所有零件信息,按零件重量降序排列。

```
SELECT   *
FROM   P
ORDER BY   WT   DESC;
```

运用 ORDER BY 也可以同时对多个属性列进行排序。

【例 3-42】 查询 SPJ 表中的零件供应情况,按供应商代码升序、供应数量降序排列。

```
SELECT   *
FROM   SPJ
ORDER BY   SNO   ASC , QTY   DESC;
```

运行结果按 SNO 升序排列,SNO 相同的元组,按 QTY 降序排列。

【例 3-43】 查询 SPJ 表中的零件供应情况,按零件数量降序、供应商代码升序排列,并且只显示前十名。

```
SELECT   TOP 10 *
FROM   SPJ
ORDER BY   QTY   DESC, SNO   ASC;
```

运行结果按 QTY 降序排列,QTY 值相同的元组,按 SNO 升序排列。

说明:当排序列中含有空值 NULL 时,显示结果如下:ASC 按升序排序时排序列为空值的元组最后显示;DESC 按降序排序时排序列为空值的元组最先显示,相当于系统默认 NULL 是最大值。

4. 聚集函数

SQL 提供了各种聚集函数,用以对数值型的属性列进行统计计算,常用的聚集函数有如下几种。

1）计数

COUNT（[DISTINCT|ALL]＊）　　　对表中元组进行计数。

COUNT（[DISTINCT|ALL]＜列名＞）对表中元组按＜列名＞值进行计数。

2）计算总和

SUM（[DISTINCT|ALL]＜列名＞）　对表中＜列名＞属性列的值进行求和运算。

3）计算平均值

AVG（[DISTINCT|ALL]＜列名＞）　　对表中＜列名＞属性列的值进行求平均值运算。

4）最大最小值

MAX（[DISTINCT|ALL]＜列名＞）　　对表中＜列名＞属性列的值进行求最大值运算。

MIN（[DISTINCT|ALL]＜列名＞）　　　对表中＜列名＞属性列的值进行求最小值运算。

以上聚集函数中，DISTINCT 选项表示相同属性值只参与计算一次；ALL 表示相同属性值重复参加计算，默认值为 ALL。

【例 3-44】 查询供应商总数。

```
SELECT COUNT(*)
FROM  S;
```

【例 3-45】 查询供应了零件的供应商数量。供应了零件的供应商即在 SPJ 表中有记录的供应商，每个供应商可能有多笔供应记录，但只能计数一次。

```
SELECT COUNT(DISTINCT SNO)
FROM  SPJ;
```

【例 3-46】 计算 S001 号供应商的平均供应量。

```
SELECT AVG(QTY)
FROM SPJ
WHERE SNO='S001';
```

【例 3-47】 查询 J001 号工程项目的最大一笔供应量。

```
SELECT MAX(QTY)
FROM SPJ
WHERE JNO='J001';
```

【例 3-48】 查询 S001 号供应商供应 P001 号零件的总供应量。

```
SELECT SUM(QTY)
FROM  SPJ
WHERE SNO='S001' AND PNO='P001';
```

5. 分组查询（GROUP BY 子句）

在 SELECT 语句查询中，可以用 GROUP BY 子句对元组进行分类汇总。GROUP BY 后面还可以跟 HAVING 短语，用来找出满足条件的分组。语法格式如下：

```
GROUP BY <列名 1>[,<列名 2>]…
[HAVING <条件表达式>]
```

分组是按指定的一列或多列值对元组进行分组,指定的一列或多列值相等的元组为一组。分组的作用通常是细化聚集函数的计算对象,作用对象是查询的中间结果,未对中间结果分组,聚集函数将作用于整个中间结果;对中间结果分组后,聚集函数将分别作用于每个组。

【例 3-49】 查询零件表 P 中每种颜色零件的数量。

```
SELECT   COLOR, COUNT(*)   AS   CNT_BY_COLOR
FROM   P
GROUP   BY COLOR;
```

【例 3-50】 查询零件表 P 中每种颜色零件的平均重量。

```
SELECT COLOR, AVG(WT)   AS   AVG_WT_BY_COLOR
FROM   P
GROUP BY COLOR;
```

【例 3-51】 查询 SPJ 表中使用了 3 种及 3 种以上零件的工程项目代码。

```
SELECT   JNO, COUNT(DISTINCT PNO)
FROM   SPJ
GROUP   BY   JNO
HAVING   COUNT(DISTINCT PNO)>=3;
```

注意:HAVING 短语与 WHERE 子句的区别如下:二者作用对象不同,WHERE 子句作用于基本表或视图,从中选择满足条件的元组;HAVING 短语作用于组,从中选择满足条件的组,HAVING 短语依附于 GROUP BY 短语,不能独立出现在 SELECT 语句中。

3.4.3 连接查询

在实际应用中,用户需要查询的数据常常并不在同一个基本表或视图中,这时就需要在多个表中进行查询。多表查询实际是通过各个表中相同或可比属性列的相关性来查询数据的。连接查询是实现多表查询的常用方式。

连接查询实质上是对关系进行连接运算,在 SELECT 语句中需要说明关系进行连接运算的条件即连接谓词。连接谓词的一般格式:

[<表名 1>.]<列名 1>   <比较运算符>   [<表名 2>.]<列名 2>

或

[<表名 1>.]<列名 1>BETWEEN [<表名 2>.]<列名 2>AND [<表名 2>.]<列名 3>

连接谓词中的列名称为连接字段,连接谓词中的各连接字段的类型必须是可比的,但列名可以不同。

SQL 标准中连接查询的一般形式：

```
SELECT   <目标列表达式>
FROM <表 1>,  <表 2>,…
WHERE   <连接条件>  AND <条件表达式>
[ORDER BY <排序列名>]
```

其中,<目标列表达式> 说明结果集的属性列,分别来自 FROM 子句中给出的表,如果是多个表的共有属性列,则在列名前需要加上表名作为前缀。

<连接条件> 是多个表之间进行连接运算的连接条件,常用的是等值连接或自然连接,在两个表的相互参照的两个属性列上进行等值比较。

<条件表达式>是对连接运算的结果进行进一步选择的条件。WHERE 子句中含多个连接和查询条件的连接查询称为复合条件连接查询。

在进行多表查询时,若连接的表中有相同的属性列名,则在引用时必须在其前面加上表名前缀,若查询的属性列名在各表中是唯一的,则在引用时可以省略表名前缀。

1. 连接运算

连接运算又分为等值连接、非等值连接和自然连接三种情形。

1）等值连接

等值连接就是在连接条件中使用等号连接比较的列,其结果集中列出被连接表中符合条件元组的所有列,包括值重复的连接属性列。

【例 3-52】 查询 S 表和 SPJ 表中的所有数据信息。

```
SELECT  S.*,  SPJ.*
FROM  S, SPJ
WHERE  S.SNO=SPJ.SNO;
```

2）非等值连接

非等值连接就是在连接条件中使用除等号以外的比较运算符连接比较的列,其结果集中列出被连接表中的符合条件的所有列,包括重复列。

3）自然连接

如果将等值连接结果中的重复属性列消去一个则称为自然连接。

与等值连接一样,自然连接运算符为＝,即参与查询的两个表在连接属性列上进行相等与否的比较,但是结果中消除值重复的列,只保留一个连接属性。

【例 3-53】 查询 S 表和 SPJ 表中的所有数据信息,要求只保留一个供应商号列。

```
SELECT S.*, SPJ.PNO, SPJ.JNO, SPJ.QTY
FROM S, SPJ
WHERE S.SNO=SPJ.SNO;
```

2. 数据库管理系统中连接查询的实现

数据库管理系统中,对连接操作的执行过程一般有如下几种方法。

1）嵌套循环法（NESTED-LOOP）

首先在＜表 1＞中找到第一个元组，然后从头开始扫描＜表 2＞，逐一查找满足连接条件的元组，找到后就将＜表 1＞中的第一个元组与该元组拼接起来，形成结果表中一个元组。

＜表 2＞全部查找完后，再找＜表 1＞中第二个元组，然后再从头开始扫描＜表 2＞，逐一查找满足连接条件的元组，找到后就将＜表 1＞中的第二个元组与该元组拼接起来，形成结果表中一个元组。

重复上述操作，直到＜表 1＞中的全部元组都处理完毕。

2）排序合并法（SORT-MERGE）

排序合并法常用于等值连接。

① 首先按连接属性对＜表 1＞和＜表 2＞排序。

② 对＜表 1＞的第一个元组，从头开始扫描＜表 2＞，顺序查找满足连接条件的元组，找到后就将＜表 1＞中的第一个元组与该元组拼接起来，形成结果表中一个元组。当遇到＜表 2＞中第一条大于＜表 1＞连接字段值的元组时，对＜表 2＞的查询不再继续。

③ 找到＜表 1＞的第二条元组，然后从刚才的中断点处继续顺序扫描＜表 2＞，查找满足连接条件的元组，找到后就将＜表 1＞中的第一个元组与该元组拼接起来，形成结果表中一个元组。直到遇到＜表 2＞中大于＜表 1＞连接字段值的元组时，对＜表 2＞的查询不再继续。

④ 重复上述操作，直到＜表 1＞或＜表 2＞中的全部元组都处理完毕为止。

3）索引连接（INDEX-JOIN）

对＜表 2＞按连接字段建立索引。对＜表 1＞中的每个元组，依次根据其连接字段值查询＜表 2＞的索引，从中找到满足条件的元组，找到后就将＜表 1＞中的元组与该元组拼接起来，形成结果表中一个元组。

3. 连接查询举例

【例 3-54】　查询所有供应商情况和供应情况，要求只保留一个供应商号属性列。

```
SELECT  S.* , SPJ.PNO, SPJ.JNO, SPJ.QTY
FROM   S, SPJ
WHERE  S.SNO=SPJ.SNO ;
```

【例 3-55】　查询所有零件供应情况，要求只保留一个零件号属性列。

```
SELECT  P.* , SPJ.SNO, SPJ.JNO, SPJ.QTY
FROM   P, SPJ
WHERE  P.PNO=SPJ.PNO ;
```

【例 3-56】　查询所有北京供应商供应情况，要求只保留一个供应商号属性列。

```
SELECT  S.* , SPJ.PNO, SPJ.JNO, SPJ.QTY
FROM   S, SPJ
WHERE  S.SNO=SPJ.SNO  AND  S.CITY='北京';
```

【例 3-57】 查询所有北京供应商的供应情况,要求结果中包含所供应的零件名称、工程名称。

```
SELECT  S.*,P.PNAME, J.JNAME , SPJ.QTY
FROM   S, P, J, SPJ
WHERE  S.SNO=SPJ.SNO AND P.PNO=SPJ.PNO AND J.JNO=SPJ.JNO AND S.CITY='北京';
```

【例 3-58】 查询工程项目 J001 的供应信息,要求结果中包含供应商名、零件名、工程名、供应量。

```
SELECT  S.SNAME, P.PNAME, J.JNAME, SPJ.QTY
FROM   S, P, J, SPJ
WHERE  S.SNO=SPJ.SNO AND P.PNO=SPJ.PNO AND J.JNO=SPJ.JNO AND J.JNO='J001';
```

【例 3-59】 查询跟供应商"北京新天地"在同一个城市的供应商情况。

```
SELECT  S2.*
FROM   S S1, S S2
WHERE  S1.CITY=S2.CITY  AND S1.SNAME='北京新天地';
```

解析:一般情况下,连接运算在两个不同的表上进行,某些特殊情形,需要对同一个表的属性进行连接运算,这称为自身连接。

本例要实现查询,首先要明确"新天地"的所在城市,这可以在供应商表 S 中查询获得,然后为查询与新天地在同一城市的供应商,还需要在供应商表 S 中进行查询,也就是说可以对供应商表进行自身连接查询以获得结果。

用 SQL 语句实现查询,如果语句中多次用到同一个表,需要给表起别名以示区别。由于所有属性名都是同名属性,因此必须使用表的别名作为列名前缀以示区别。

【例 3-60】 查询供应了 J001 号工程且供应量在 300 以上的所有供应商及供应量。

```
SELECT  S.Sno, S.Sname, S.CITY, SPJ.QTY
FROM   S, SPJ
WHERE  S.Sno =SPJ.Sno AND                    /*连接谓词*/
    SPJ.Jno='J001' AND SPJ.QTY >300;         /*其他限定条件*/
```

【例 3-61】 查询供应了"长春一汽"工程且供应量在 100 以上的所有供应商及供应量。

```
SELECT  S.Sno, S.Sname, S.CITY, SPJ.QTY
FROM   S, J, SPJ
WHERE  S.Sno =SPJ.Sno AND   J.JNO=SPJ.Jno      /*连接谓词*/
    AND J.JNAME='长春一汽' AND SPJ.QTY >100;     /*其他限定条件*/
```

【例 3-62】 查询"长春一汽"工程使用的"红"色零件的供应商及供应信息。

```
SELECT  S.Sno, S.Sname, S.CITY, P.PNAME, SPJ.QTY
FROM   S, P, J, SPJ
WHERE  S.SNO=SPJ.SNO AND P.PNO=SPJ.PNO AND J.JNO=SPJ.JNO
```

```
AND J.JNAME='长春一汽' AND P.COLOR='红';
```

4. 内连接与外连接

一般进行连接查询,结果集合中只会出现参加连接运算的表中符合连接条件的元组的连串,而参加运算表中不符合连接条件的元组在结果中不出现。这种连接通常又可以称为内连接,是连接查询中最常用的。

内连接使用比较运算符对各个表中的数据进行比较操作,并列出各个表中与条件相匹配的所有数据行,当只有两个表进行连接运算时,可以用 INNER JOIN 或者 JOIN 关键字进行连接,表达方式更接近自然语言。语句格式如下(SQL Server 支持):

```
SELECT   <目标列表达式>
FROM <表 1>[ INNER] JOIN <表 2>  [ON  <连接条件>]
[WHERE   <条件表达式>]
[ORDER BY  <排序列名>]
```

外连接与普通连接(内连接,INNER JOIN)的区别:普通连接操作只输出满足连接条件的元组的连串,而外连接操作以指定表作为连接主体,将主体表中不满足连接条件的元组也一并输出。

根据连接主体的位置,外连接分左外连接、右外连接、全外连接三种情形。基本语法格式如下:

```
SELECT   <目标列表达式>
FROM <表 1>[ LEFT|RIGHT|FULL] OUTER JOIN <表 2>  [ON  <连接条件>]
[WHERE   <条件表达式>]
[ORDER BY  <排序列名>]
```

【例 3-63】 查询 S 表中的所有供应商信息,并找出和每个供应商在同一城市的工程项目信息。

```
SELECT   SNO, SNAME, STAT, S.CITY, JNO, JNAME, J.CITY
FROM  S  LEFT OUTER JOIN  J  ON  S.CITY=J.CITY;
```

【例 3-64】 查询 J 表中的所有工程项目信息,并找出和每个工程项目在同一城市的供应商信息。

```
SELECT   SNO, SNAME, STAT, S.CITY, JNO, JNAME, J.CITY
FROM  S RIGHT OUTER JOIN J ON S.CITY=J.CITY;
```

【例 3-65】 查询 S 表和 J 表在同一城市的供应商信息和工程项目信息,不在同一城市的供应商和工程项目也显示在查询结果中。

```
SELECT   SNO, SNAME, STAT, S.CITY, JNO, JNAME, J.CITY
FROM  S FULL OUTER JOIN J ON S.CITY=J.CITY;
```

在上述语句中,使用 LEFT OUTER JOIN 、RIGHT OUTER JOIN 、FULL OUTER JOIN 关键字将 S 表和 J 表进行外连接。查询结果显示所有匹配的元组以及左边、右边和两边表中不匹配的元组,对于不匹配的元组的属性值用空值 NULL 填充。

3.4.4 嵌套查询

在关系数据库中,一个 SELECT-FROM-WHERE 语句称为一个查询块。将一个查询块嵌套在另一个查询块的 WHERE 子句或 HAVING 短语的条件中的查询称为嵌套查询。其中,两层查询块之间一般可以使用比较运算符或 IN 运算符来进行连接。

SQL 规定对子查询不允许排序,即子查询中不能使用 ORDER BY 子句。

嵌套查询方式反映了 SQL 的结构化,有些嵌套查询可以用连接运算替代,但也有些查询要求只能用嵌套查询实现。

【例 3-66】 查询由"北京新天地"供应商供应零件的工程项目代码。

```
SELECT  DISTINCT  JNO                    /*外层查询/父查询*/
FROM  SPJ
WHERE  SNO=(SELECT  SNO                  /*内层查询/子查询*/
            FROM  S
            WHERE SNAME='北京新天地');
```

或者可以按连接查询的方式写成

```
SELECT  DISTINCT JNO
FROM  SPJ, S
WHERE  SPJ.SNO=S.SNO AND SNAME='北京新天地';
```

【例 3-67】 查询供应 J002 号工程的供应商名。

```
SELECT Sname                             /*外层查询/父查询*/
FROM S
WHERE Sno IN (SELECT Sno                 /*内层查询/子查询*/
            FROM SPJ
            WHERE Jno='J002');
```

根据嵌套查询的表达方式可以将子查询分为相关子查询和不相关子查询两种,数据库管理系统对嵌套查询求解方法不同。

不相关子查询:子查询的查询条件不依赖于父查询,则称为不相关子查询。对于不相关子查询,DBMS 由里向外逐层处理。即每个子查询在上一级查询处理之前求解,子查询的结果用于建立其父查询的查找条件。

相关子查询:子查询的查询条件依赖于父查询,则称为相关子查询。对于相关子查询,DBMS 首先取外层查询中表的第一个元组,根据它与内层查询相关的属性值处理内层查询,若 WHERE 子句返回值为真,则取此元组放入结果表;然后再取外层表的下一个元组,重复这一过程,直至外层表全部检查完为止。

1. 带有 IN 谓词的子查询

【例 3-68】 查询与"北京新天地"在同一个城市的供应商信息。

此查询要求可以分步来完成。

① 确定"北京新天地"所在城市。

```
SELECT  CITY
FROM    S
WHERE   Sname='北京新天地';
```

执行结果为：北京

② 查找所有在北京的供应商。

```
SELECT  Sno, Sname, CITY
FROM    S
WHERE   CITY ='北京';
```

得出查询结果。

将第一步查询嵌入到第二步查询的条件中,构成嵌套查询语句如下：

```
SELECT Sno,Sname,CITY
FROM S S1
WHERE S1.CITY  IN
        (SELECT S2.CITY
         FROM S S2
         WHERE S2.Sname='北京新天地');
```

此查询为不相关子查询。因为内外层均在同一个表里进行查询,所以要加表别名以示区别。

本例可以用自身连接完成查询要求。

```
SELECT  S1.Sno, S1.Sname, S1.CITY
FROM    S S1, S S2
WHERE   S1.CITY =S2.CITY  AND  S2.Sname ='北京新天地';
```

【例 3-69】 查询供应了"长春一汽"项目零件的供应商号和供应商名。

```
SELECT Sno,Sname                /* ③在 S 表中取出 Sno 和 Sname */
FROM    S
WHERE   Sno  IN
    (SELECT Sno                 /* ②在 SPJ 表中找出供应了该工程号的供应商号 */
    FROM    SPJ
    WHERE   Jno IN              /* ①在 J 关系中找出"长春一汽"的工程号 */
        (SELECT Jno
        FROM J
        WHERE Jname='长春一汽'));
```

本例也可以用连接查询实现。

```
SELECT S.Sno,Sname
FROM    S,SPJ,J
```

WHERE S.Sno =SPJ.Sno AND SPJ.Jno =J.Jno AND J.Jname='长春一汽';

2. 带有比较运算符的子查询

当能确切知道内层查询返回单值时,可用比较运算符($>$,$<$,$=$,$>=$,$<=$,$!=$ 或$<>$),还可与 ANY 或 ALL 谓词配合使用。

【例 3-70】 假设一个供应商(没有重名)只可能在一个城市,则在例 3-68 中,IN 可以用=代替。

```
SELECT Sno,Sname,CITY
FROM    S S1
WHERE   S1.CITY =
    (SELECT  S2.CITY
    ROM   S S2
    WHERE  S2.Sname='北京新天地');
```

【例 3-71】 找出每个供应商超出其平均供应量的工程号和零件号(即其所有供应中供应量较大的)。

```
SELECT  SNO,PNO, JNO
FROM   SPJ  X
WHERE  X.QTY >=(SELECT AVG(Y.QTY)
              FROM  SPJ  Y
              WHERE Y.SNO=X.SNO);
```

查询可能的执行过程如下。

(1) 从外层查询中取出 SPJ 的一个元组 X,将元组 X 的 SNO 值(如 S001)传送给内层查询。

```
SELECT AVG(QTY)
FROM SPJ
WHERE SNO='S001';
```

(2) 执行内层查询,得到该供应商供应的平均值(假如为 275),用该值代替内层查询,得到外层查询。

```
SELECT SNO,JNO, PNO
FROM   SPJ X
WHERE SNO='S001'  AND  QTY >=275;
```

(3) 执行这个查询,得到一个结果集;

(4) 外层查询取出下一个元组重复做上述步骤(1)~(3),直到外层的 SPJ 元组全部处理完毕,即得到所求的结果。

3. 带有 ANY 或 ALL 谓词的子查询

SQL 支持使用 ANY、ALL 谓词。ANY(SOME)表示集合中任意一个值,ALL 表示

集合中所有值。构造带子查询的查询语句时,可以将 ANY 或 ALL 谓词与比较运算符结合使用,谓词的语义是:

> ANY 大于子查询结果中的某个值。

> ALL 大于子查询结果中的所有值。

< ANY 小于子查询结果中的某个值。

< ALL 小于子查询结果中的所有值。

>＝ ANY 大于等于子查询结果中的某个值。

>＝ ALL 大于等于子查询结果中的所有值。

<＝ ANY 小于等于子查询结果中的某个值。

<＝ ALL 小于等于子查询结果中的所有值。

＝ ANY 等于子查询结果中的某个值。

＝ALL 等于子查询结果中的所有值(通常没有实际意义)。

!＝(或<>)ANY 不等于子查询结果中的某个值。

!＝(或<>)ALL 不等于子查询结果中的任何一个值。

【例 3-72】 查询其他城市中比"北京"某一供应商状态等级低(状态以字母为序,A 状态最高,B 次之……)的供应商名称和状态。

```
SELECT  S1.Sname, S1.City
FROM    S S1
WHERE S1.STAT >ANY (SELECT   S2.STAT
             FROM   S S2
             WHERE S2.CITY ='北京')
   AND  S1.CITY <>'北京';          /＊父查询块中的条件,限定其他城市＊/
```

本查询执行过程:

(1) RDBMS 执行此查询时,首先处理子查询,找出北京所有供应商的状态,构成一个集合(A,B)。

(2) 处理父查询,找所有不是北京的且状态值大于 A 或 B 的供应商。

例 3-72 也可以用聚集函数实现查询。

```
SELECT S1.SNAME,S1.STAT
FROM    S S1
WHERE S1.STAT > (SELECT MIN(S2.STAT)
             FROM S S2
             WHERE S2.CITY='北京')
   AND S1.CITY < >'北京';
```

【例 3-73】 查询其他城市中比"北京"所有供应商状态等级低的供应商名称和状态。

方法一:用 ALL 谓词。

```
SELECT  S1.SNAME, S1.City
FROM     S S1
WHERE S1.STAT >ALL (SELECT   S2.STAT
```

```
                    FROM    S S2
                    WHERE S2.CITY = '北京')
      AND   S1.CITY <> '北京';
```

方法二：用聚集函数。

```
SELECT S1.Sname, S1.STAT
FROM S S1
WHERE S1.STAT > (SELECT MAX(S2.STAT)
                FROM S S2
                WHERE S2.CITY = '北京')
    AND S1.CITY <> '北京';
```

4. 带有存在量词 EXISTS 的子查询

1）存在量词 EXISTS

EXISTS 称为存在量词，数学符号为∃。

带有 EXISTS 谓词的子查询不返回任何数据，只产生逻辑真值 true 或逻辑假值 false。若内层查询结果非空，则外层的 WHERE 子句返回真值 true；若内层查询结果为空，则外层的 WHERE 子句返回假值 false。

由 EXISTS 引出的子查询，其目标列表达式通常都用"＊"，因为带 EXISTS 的子查询只返回真值或假值，给出列名并无实际意义。

NOT EXISTS 谓词表示对 EXISTS 及其后的子查询运算结果取反。若内层查询结果非空，则外层的 WHERE 子句返回假值 false；若内层查询结果为空，则外层的 WHERE 子句返回真值 true。

【例 3-74】 查询所有供应了 J001 号工程的供应商名。

分析思路：本查询涉及供应商表 S 和供应表 SPJ。

在 S 中依次取每个元组的 Sno 值，用此值去检查 SPJ 关系，若 SPJ 中存在这样的元组，其 Sno 值等于此供应商的 S.Sno 值，并且其 Jno＝'J001'，则取此 S.Sname 送入结果关系。

用嵌套查询实现如下：

```
SELECT Sname
FROM   S
WHERE EXISTS
    (SELECT *
    FROM SPJ
    WHERE Sno=S.Sno AND Jno='J001');
```

用连接运算实现如下：

```
SELECT DISTINCT Sname
FROM S, SPJ
WHERE S.Sno=SPJ.Sno AND SPJ.Jno='J001';
```

【例 3-75】 查询没有供应 J001 号工程的供应商名。

分析思路：本查询涉及供应商表 S 和供应表 SPJ。

在 S 中依次取每个元组的 Sno 值，用此值检查 SPJ 关系，若 SPJ 中不存在这样的元组，其 Sno 值等于此 S.Sno 值，并且其 Jno＝'J001'，则取此 S.Sname 送入结果关系。

```
SELECT Sname
FROM   S
WHERE NOT EXISTS
    (SELECT *
    FROM SPJ
    WHERE Sno =S.Sno AND Jno='J001');
```

注意：本例不能直接用连接查询实现。

说明：所有带 IN 谓词、比较运算符、ANY 和 ALL 谓词的子查询都能用带 EXISTS 谓词的子查询等价替换；但是一些带 EXISTS 或 NOT EXISTS 谓词的子查询不能被其他形式的子查询等价替换；

2）用存在量词实现全称量词*

SQL 支持存在量词∃（EXISTS），但没有全称量词∀（For all），只能用 EXISTS/NOT EXISTS 实现全称量词的表达。

可以按如下方法把带有全称量词的谓词转换为等价的带有存在量词的谓词表达：

$$(\forall x)P \equiv \neg (\exists x(\neg P)$$

【例 3-76】 例 3-68 的要求是查询与"北京新天地"在同一个城市的供应商。可以用带 EXISTS 谓词的子查询替换。

```
SELECT S1.Sno , S1.Sname, S1.CITY
FROM   S  S1
WHERE EXISTS
    (SELECT *
    FROM  S S2
    WHERE  S2. CITY =S1. CITY AND  S2.Sname ='北京新天地');
```

【例 3-77】 查询供应了全部工程的供应商名。

解析：求供应了全部工程的供应商名，可以转换成另一种表达：不存在任何该供应商没有供应的工程，这就可以用存在量词实现查询了。

```
SELECT  Sname
FROM   S
WHERE NOT EXISTS
    (SELECT *
    FROM J
    WHERE NOT EXISTS
        (SELECT *
        FROM SPJ
        WHERE SPJ .Sno=S.Sno AND SPJ .Jno=J.Jno));
```

3）用存在量词实现逻辑蕴涵*

SQL 中也没有逻辑蕴涵（Implication）运算，可以利用谓词演算将逻辑蕴涵谓词等价转换为：

$$p \rightarrow q \equiv \neg p \vee q$$

【例 3-78】 查询至少供应了供应商 S001 供应的全部工程的供应商号码。

解题思路：

本例查询可以用逻辑蕴涵表达：查询供应商号为 x 的供应商，对所有的工程 y，只要 S001 号供应商供应了工程 y，则 x 也供应了 y。

形式化表示：

用 P 表示谓词"供应商 S001 供应了工程 y"

用 q 表示谓词"供应商 x 供应了工程 y"

则上述查询为：$(\forall y)\ p \rightarrow q$

等价变换步骤：

$$(\forall y)p \rightarrow q \equiv \neg(\exists y(\neg(p \rightarrow q)))$$
$$\equiv \neg(\exists y(\neg(\neg p \vee q)))$$
$$\equiv \neg \exists y(p \wedge \neg q)$$

变换后的语义：查询供应商 x，不存在这样的工程 y，供应商 S001 供应了 y，而供应商 x 没有供应。

用 NOT EXISTS 谓词表示：

```
SELECT DISTINCT Sno
FROM  SPJ  X
WHERE Sno< >'S001'  AND  NOT EXISTS
    (SELECT *
    FROM SPJ Y
    WHERE  Y.Sno ='S001'  AND
        NOT EXISTS
        (SELECT *
        FROM SPJ  Z
        WHERE  Z.Sno=X.Sno  AND  Z.Jno=Y.Jno));
```

3.4.5 集合查询

关系运算是集合运算。SELECT 语句的查询对象和查询结果都是集合，两个或多个具有相同类型结果集的 SELECT 语句可以进行集合的并、交、差等运算。

SQL 中，集合操作的种类分为并操作 UNION、交操作 INTERSECT、差操作 EXCEPT(MINUS)三种。参加集合操作的各查询结果的列数必须相同，对应列的数据类型也必须相同。集合操作的语法格式如下。

1. 并操作 UNION

UNION 运算符可以将两个或两个以上 SELECT 语句的查询结果合并成一个结果集,称为并查询。格式如下:

```
(SELECT  <目标列列表>  FROM <表 1>)…
UNION [ALL]
(SELECT  <目标列列表>  FROM <表 2>)…
```

UNION:将多个查询结果合并起来时,系统自动去掉重复元组。

UNION ALL:将多个查询结果合并起来时,保留重复元组,因为不需要消除重复元组的步骤,所以查询速度更快。

【例 3-79】 查询供应商状态为 A 或供应商城市在"天津"的供应商信息。

```
SELECT  *
FROM  S
WHERE  STAT='A'
UNION
SELECT  *
FROM  S
WHERE  CITY='天津';
```

【例 3-80】 查询"北京"与"天津"的供应商信息。

```
SELECT *
FROM S
WHERE CITY='北京'
UNION
SELECT *
FROM S
WHERE CITY='天津';
```

本例也可以用复合条件查询实现。

```
SELECT *
FROM S
WHERE CITY='北京'  OR  CITY='天津';
```

【例 3-81】 查询供应了工程 J001 或者供应了工程 J002 的供应商号。

```
SELECT Sno
FROM SPJ
WHERE Jno='J001'
UNION
SELECT Sno
FROM SPJ
WHERE Jno='J002';
```

本例也可以用复合条件查询实现。

```
SELECT Sno
FROM SPJ
WHERE Jno='J001' OR Jno='J002';
```

2. 交操作 INTERSECT

INTERSECT 运算符用于返回两个或两个以上 SELECT 语句的查询结果集合的交集,称为交查询。格式如下:

```
(SELECT  <目标列列表>  FROM <表 1>)…
INTERSECT
(SELECT  <目标列列表>  FROM <表 2>)…
```

【例 3-82】 查询供应商状态为 C 且在"北京"的供应商信息。

```
SELECT  *
FROM  S
WHERE  STAT='C'
INTERSECT
SELECT  *
FROM  S
WHERE  CITY='北京';
```

【例 3-83】 查询"北京"的供应商与状态为 A 的供应商的交集。

```
SELECT *
FROM S
WHERE CITY='北京'
INTERSECT
SELECT *
FROM S
WHERE STAT='A';
```

本例实际上就是查询"北京"的 A 类供应商中信息,也可以用复合条件查询实现。

```
SELECT *
FROM S
WHERE CITY='北京'  AND  STAT='A';
```

【例 3-84】 查询供应了工程 J001 与供应了工程 J002 的供应商号的交集。

```
SELECT Sno
FROM SPJ
WHERE Jno='J001'
INTERSECT
SELECT Sno
```

```
FROM SPJ
WHERE Jno='J002';
```

本例实际上是查询既供应了工程 J001 又供应了工程 J002 的供应商号,也可以用嵌套查询实现。

```
SELECT  SPJX.Sno
FROM  SPJ SPJX
WHERE  SPJX.Jno='J001 ' AND  SPJX.Sno  IN
                (SELECT  SPJY.Sno
                FROM  SPJ SPJY
                WHERE  SPJY.Jno='J002 ');
```

3. 差操作 EXCEPT(MINUS)

EXCEPT(MINUS)运算符用于返回两个或两个以上 SELECT 语句的查询结果集合的差集,称为差查询。格式如下:

```
(SELECT  <目标列列表>  FROM  <表 1>)…
EXCEPT  (MINUS)
(SELECT  <目标列列表>  FROM  <表 2>)…
```

【例 3-85】 查询“北京”的供应商与状态为 A 的供应商的差集。

```
SELECT *
FROM S
WHERE CITY='北京'
EXCEPT
SELECT *
FROM S
WHERE STAT='A';
```

本例实际上是查询北京的状态不为 A 的供应商信息。

```
SELECT *
FROM S
WHERE CITY='北京'  AND  STAT<>'A';
```

【例 3-86】 查询供应商状态为 C 但不在“北京”的供应商。

此即为求状态为 C 的供应商集合与在“北京”的供应商集合的差集。

```
SELECT  *
FROM  S
WHERE  STAT='C'
EXCEPT
SELECT  *
FROM  S
WHERE  CITY='北京';
```

本例实际上是查询不在"北京"的状态为 C 的供应商信息。

```
SELECT *
FROM S
WHERE CITY< >'北京'  AND  STAT='C';
```

3.4.6　查询结果的处理

在 DBMS 中,SELECT 语句的查询结果可以在交互式界面中直接显示给用户,前面所举的例子都是这种方式,也可以使用子查询的方式将第一次查询的查询结果直接作为下一查询的数据源表。

【例 3-87】　查询状态高于 C 的"北京"供应商的供应商号。

```
SELECT  SNO,STAT
FROM
    (SELECT  SNO, STAT
    FROM  S
    WHERE CITY='北京') S1            /* S1 是子查询结果表的别名 */
WHERE S1.STAT<'C';
```

还可以使用 INTO 短语将查询结果集永久保存到命名的表中,下面 SELECT 语句将"北京"供应商的查询结果保存到名为 S_BJ 的表中。

```
SELECT  SNO, STAT  INTO  S_BJ
FROM  S
WHERE  CITY='北京';
```

语句执行之后,在对象资源管理器中刷新表之后再展开,会看到 S_BJ 表。

下面 SELECT 语句将各个供应商的总供应量统计出来,存放到 S_QTY 表中(需要先建立 S_QTY 表)。

```
SELECT  SNO, SUM(QTY)  AS  SUM_QTY
INTO  S_QTY
FROM  SPJ
GROUP  BY SNO;
```

语句执行之后,在对象资源管理器中刷新表之后再展开,会看到 S_QTY 表,可以打开查看结果。

3.5　数据更新功能

数据操纵语言 DML 的全称是 Data Manipulation Language。SQL 中实现了 DML,具体就是 3 种用于基本表数据更新操作的语句:INSERT、UPDATE 和 DELETE,分别实现了对数据表中数据的插入、修改和删除操作。

3.5.1 插入数据

在实际应用领域的日常工作中,经常需要向数据表中插入新的数据,可以是将收集的新数据插入到新创建的表或已存在的表中,也可以是来自其他应用程序并根据需要转存或插入到数据表中。SQL 提供数据插入语句完成上述工作。

插入数据有两种方式:插入单个元组;插入子查询结果,可以一次插入多个元组。

1. 插入单个元组

SQL 语句中通常使用 INSERT 语句在数据表中插入新数据,INSERT 语句可以一次插入一条或多条记录,语法格式如下:

```
INSERT  [INTO]  <表名>[(<列名列表>)]
VALUES (<值列表>)
```

上述语法格式中参数的简要说明如下:

- <表名>:要插入新数据的表的名称,其中,属性列的顺序可与表定义中的顺序不一致,也可以不指定属性列,或者指定部分属性列。
- <列名列表>:要插入的数据对应的数据表中的列名;如果是表中所有列,则可以省略。
- <值列表>:要插入的新数据值,用逗号分隔;<值列表>中值的个数、类型都要与<列名列表>中的列一一对应。

【例 3-88】 向零件表 P 中插入一条新记录"P007', '螺母', '绿', '20'"。

```
INSERT
INTO P
VALUES ('P007', '螺母', '绿', '20');
```

如果常量值的顺序与表定义中列的顺序一致,可省略属性名列表。

上面语句中 INTO 子句中表名后没有明确指定任何属性列,则新插入的数据值必须在表的每个属性列上都有值。否则就必须在 INTO 子句中指定需要插入的数据对应的属性列名。

【例 3-89】 向零件表 P 中插入一条新记录('P008', '螺栓')。

```
INSERT
INTO P (PNO, PNAME)
VALUES ('P008', '螺栓');
```

【例 3-90】 插入一条供应记录('S001','P005 ','J006',200)。

```
INSERT
INTO SPJ(SNO, PNO, JNO, QTY)
VALUES ( 'S001', 'P005', 'J006', 200);
```

或者

```
INSERT
INTO SPJ
VALUES ( 'S001', 'P005', 'J006', 200);
```

2. 插入子查询结果（批量插入）

如果将某一个表或一个查询的结果集中的数据插入到另一个新数据表中,可以使用带子查询的插入语句 INSERT…SELECT 语句,一次插入多个元组。语法格式如下:

```
INSERT   INTO   <表名>
SELECT   <目标列列表>
FROM   <表名列表>
WHERE   <条件表达式>
```

【例 3-91】 查询红色的零件信息,并保存到新表 P_RED 中。

第一步,建表:

```
CREATE   TABLE P_RED
    (
    PNO CHAR(4)  PRIMARY KEY,
    PNAME CHAR(20),
    COLOR CHAR(2),
    WT SMALLINT);
```

第二步,插入数据:

```
INSERT INTO   P_RED
SELECT   *
FROM   P
WHERE   COLOR='红';
```

【例 3-92】 分别求每个供应商的供应每种零件的平均供应量,并把结果存入数据库的表中。

第一步,建表:

```
CREATE   TABLE   Savg_qty
(SNO   CHAR(4),                        /* 供应商号 */
PNO   CHAR(4),                         /* 零件号 */
avg_qty   SMALLINT);                   /* 供应商平均供应量 */
```

第二步,插入数据:

```
INSERT
INTO Savg_QTY(SNO, PNO, avg_QTY)
SELECT   SNO, PNO, AVG(QTY)
FROM   SPJ
```

```
GROUP BY SNO,PNO;
```

3. 用 SELECT 语句将查询结果集保存到一个新表中

使用查询语句 SELECT INTO 语句也可以把任何查询的结果集插入到一个新表中，还可以通过 SELECT INTO 语句解决复杂的查询，语法格式如下：

```
SELECT <目标列列表>
INTO  <新表名>
FROM  {<源表名>}[,...,n]
[WHERE  <条件表达式>]
```

【例 3-93】 将工程表 J 中的北京工程保存到一个新表 J_BEIJING 中。

```
SELECT  *
INTO  J_BEIJING
FROM  J
WHERE  CITY='北京';
```

注意：DBMS 在执行插入语句时会检查所插入的元组是否破坏表上已定义的完整性规则，如果有破坏完整性约束条件的，DBMS 拒绝执行插入操作，保证数据库的完整性和一致性。

3.5.2 修改数据

在实际应用中，当应用领域的状态发生变化时，有时需要根据实际情况对数据库表中的数据进行各种修改操作。

在 SQL 中，对数据的修改用 UPDATE 语句来实现，它可以实现对某一个数据表中的一行、多行以及所有行的修改。语法格式如下：

```
UPDATE  <表名>
SET {<列名>=<表达式>|DEFAULT|NULL}[,...,n]
[WHERE  <条件表达式>]
```

功能：修改指定表中满足 WHERE 子句中<条件表达式>的元组；SET 子句用来指定修改方式、要修改的列、修改后取值；WHERE 子句指定要修改的元组应该满足的条件，缺省 WHERE 子句表示要修改表中的所有元组。

根据 WHERE 子句的不同情形，有三种修改方式：

（1）修改某一个元组的值。

（2）修改多个元组的值。

（3）带子查询的修改语句。

1. 修改单个元组的值

【例 3-94】 将零件"P002"的重量改为 22g。

```
UPDATE   P
SET WT=22
WHERE   PNO='P002';
```

2. 修改多个元组的值——批量修改

【例 3-95】 将所有零件的重量增加 10g。

```
UPDATE P
SET WT=WT+10;
```

【例 3-96】 将 P 表中的蓝色零件重量增加 10g。

```
UPDATE P
SET  WT=WT+10
WHERE COLOR='蓝';
```

3. 带子查询的修改语句

UPDATE 语句还可以通过其他表中的值来修改本表的数据,通过带子查询的修改语句实现。

【例 3-97】 将天津的工程项目所使用的每种零件供应数量减少 50。

```
UPDATE   SPJ
SET  QTY=QTY-50
WHERE   JNO  IN  (SELECT JNO
                    FROM J
                    WHERE CITY='天津');
```

【例 3-98】 将"临江造船厂"工程的供应量置零。

```
UPDATE SPJ
SET   QTY=0
WHERE  '临江造船厂'=(SELECT JNAME
                    FROM   J
                    WHERE  J.Jno =SPJ.Jno);
```

注意:RDBMS 在执行修改语句时会检查修改操作是否破坏表上已定义的完整性规则,如果有破坏完整性约束条件的,DBMS 拒绝执行修改操作,保证数据库的完整性和一致性。

3.5.3　删除数据

在建设好数据库后,随着应用领域实际情况的发展变化,数据的不断更新,可能会存在一些无用的或者过时的数据。这些数据不仅占用数据库空间,而且对于数据的查询和更新等操作也带来一些问题,所以需要删除无用数据。可以利用 DELETE 语句进行数据删除。语法格式如下:

```
DELETE
FROM   <表名>
[WHERE <条件表达式>][RESTRICT|CASCADE];
```

语句功能：删除指定表中满足 WHERE 子句 ＜条件表达式＞条件的元组。WHERE 子句指定要删除的元组应该满足的条件，默认 WHERE 子句表示要删除表中的全部元组。DELETE 语句只删除表中的数据，即使删除表中的全部数据，表的定义仍在数据字典中。

RESTRICT|CASCADE(有的 DBMS 没有这个选项)：

- RESTRICT：如有其他表中有元组参照被删除元组的主码值，拒绝删除。
- CASCADE：如有其他表中有元组参照被删除元组的主码值，进行级联删除，将其他表中参照元组一并删除。

一般有以下三种删除方式。

1. 删除单个元组

【例 3-99】 删除 P 表中 PNO 为 P008 的零件信息。

```
DELETE
FROM P
WHERE   PNO='P008';
```

2. 删除多个元组

【例 3-100】 删除 SPJ 表中 S005 供应商的供应信息。

```
DELETE
FROM SPJ
WHERE   SNO='S005';
```

【例 3-101】 删除 SPJ 表中的所有供应信息。

```
DELETE
FROM SPJ;
```

3. 带子查询的删除语句

DELETE 语句的 WHERE 子句可以有子查询来限定待删除元组的条件。

【例 3-102】 删除"临江造船厂"工程的所有的供应记录。

```
DELETE
FROM SPJ
WHERE   '临江造船厂'=(SELECT JNAME
                FROM J
                WHERE J.Jno=SPJ.Jno);
```

进行数据删除操作要考虑数据库的参照完整性。如果两个基本表通过定义外部码实现参照完整性约束,则删除被参照表(如供应商表 S)中的元组时,参照表(如供应表 SPJ)中相关元组必须先进行删除。

在支持级联删除(CASCADE)的 DBMS 中,删除语句后面加 CASCADE 选项可以实现级联删除。

如果数据库管理系统不支持级联删除,则应该先删除参照表(外码所在表)中相关元组,再删除被参照表(主码所在表)的元组,删除的顺序很重要。

【例 3-103】 删除工程项目 J007 的信息,如有供应信息,则一并删除。

在支持级联删除的 DBMS 中:

```
DELETE   FROM  J
WHERE JNO='J007'  CASCADE;
```

在不支持级联删除的 DBMS 中,则分以下两步完成:

```
DELETE   FROM SPJ
WHERE   JNO='J007';
DELETE   FROM J
WHERE SNO='J007';
```

数据更新操作除了用 SQL 语句实现,也可以很方便地在 DBMS 中用对基本表的交互式编辑的方式实现;

具体操作为:右击基本表,在弹出的快捷菜单中选择"编辑前 200 行"项,直接在表中进行直观的交互式编辑;编辑数据过程中请注意各种完整性约束条件对元组的限制,不符合完整性约束条件的元组不能保存到表中。

实际应用系统中,所有数据更新通常都是通过数据库应用程序的界面进行操作,执行保存或提交操作时,激活嵌入在应用程序中的数据更新操作 SQL 语句,一般不允许用户和 DBA 直接在 DBMS 中交互式地编辑数据或使用上述数据更新语句进行操作。

3.6 SQL 的视图功能

3.6.1 视图的概念与作用

1. 视图的概念

在关系数据库中,视图是虚表,是从一个或几个基本表或其他视图中导出的表。数据库中只存放视图的定义,不存放视图对应的数据,视图中的数据仍然存放在原来的基本表中,当基本表中的数据发生变化时,从视图中查询出的数据也随之改变。

同基本表一样,视图一旦定义了,就可以进行数据的查询、插入、删除和受一定限制的更新操作,还可以定义基于该视图的新视图。

2. 视图的作用

关系数据库中,视图属于数据库系统三级模式中的外模式,是用户所看到的数据的逻辑结构的定义。其作用总结如下:

(1) 视图能够简化用户的操作。

(2) 视图使用户能以多种角度看待同一数据。

(3) 视图对重构数据库提供了一定程度的逻辑独立性。

(4) 视图能够对机密数据提供安全保护。

(5) 适当利用视图可以更清晰地表达查询。

视图能够为最终用户减少数据库操作的复杂性。客户端只要针对视图编写简单的代码,就能返回所需要的数据,一些复杂的逻辑操作,可以放在视图定义中来完成。

视图可以对用户隐藏基本表中某些属性列,防止敏感的属性列被用户选中,这样在保证信息安全的同时,仍然提供用户对其他数据的访问功能。

3.6.2　定义视图

视图的定义包括定义视图以及删除视图的定义。

1. 定义视图

在关系数据库中,使用 CREATE VIEW 语句创建视图。具体的语法格式如下:

```
CREATE VIEW  <视图名>[ (<列名>[ ,...,n ] ) ]
[ WITH <视图属性>[ ,...,n ] ]
AS  <子查询>
[ WITH  CHECK  OPTION ] [ ; ]
```

参数说明:

- <视图名>:要定义的视图名称。
- <列名>:要定义的视图中列的名称,可以全部省略或全部指定。
- <子查询>:定义视图来源的 SELECT 语句,子查询不允许含有 ORDER BY 子句和 DISTINCT 短语。
- WITH CHECK OPTION 强制针对视图执行的所有数据修改语句都必须符合在 <子查询>中设置的条件。

关系数据库管理系统执行 CREATE VIEW 语句时只是把视图定义存入数据字典,并不执行其中的 SELECT 语句。

在之后对视图进行查询时,数据库管理系统按数据字典中视图的定义从基本表中将数据查出。

【例 3-104】 创建一个"北京"供应商的视图。

```
CREATE VIEW S_BJ_VIEW
```

```
AS
SELECT *
FROM S
WHERE CITY='北京'
WITH  CHECK  OPTION;
```

有了 WITH CHECK OPTION 选项,对 S_BJ_VIEW 视图的更新操作系统会自动进行如下检查和操作:

对于修改和删除操作,系统自动加上 CITY='北京'作为操作对象的选择条件。

如果是插入元组操作,系统自动检查被插入的元组 CITY 属性值是否为'北京',如果不是,则拒绝执行该插入操作;如果没有提供插入元组的 CITY 属性值,则自动设置 CITY 属性值为'北京'。

可以定义基于多个基本表的视图。

【例 3-105】 创建一个包含供应商名,供应商所在城市、零件名、工程项目名、工程项目所在城市的零件供应情况视图。

```
CREATE VIEW SJNAME_VIEW
AS
SELECT SNAME, S.CITY AS SCITY, PNAME, JNAME, J.CITY AS JCITY, QTY
FROM S, P, J, SPJ
WHERE S.SNO=SPJ.SNO AND P.PNO=SPJ.PNO AND J.JNO=SPJ.JNO;
```

【例 3-106】 建立供应了"J001"号工程的"北京"供应商视图。

```
CREATE VIEW S_BJ_VIEW1(SNO, SNAME, PNO, QTY)
AS
    SELECT  S.SNO, SNAME, SPJ. PNO, SPJ. QTY
    FROM  S, SPJ
    WHERE  S.CITY='北京' AND  S.SNO=SPJ.SNO AND  SPJ.JNO='J001';
```

【例 3-107】 建立供应了"长春一汽"工程的"北京"供应商视图。

```
CREATE VIEW S_BJ_VIEW2(SNO,SNAME,QTY)
AS
    SELECT S.SNO, SNAME, QTY
    FROM  S, SPJ, J
    WHERE  S.CITY='北京'  AND  S.SNO=SPJ.SNO  AND
        SPJ.JNO=J.JNO  AND J.JNAME='长春一汽';
```

也可以定义基于视图的视图。

【例 3-108】 建立供应了"长春一汽"工程且供应量在 300 以上的"北京"供应商视图。本例可以在基本表上定义视图,也可以在视图 S_BJ_VIEW2 上定义。

```
CREATE VIEW S_BJ_VIEW3
AS
    SELECT SNO,SNAME,QTY
```

```
FROM    S_BJ_VIEW2
WHERE   QTY >=300;
```

定义视图时也可以使用表达式和进行分组。

【例 3-109】　将供应商的编号及其每种零件的的平均供应量定义为一个视图。

```
CREATE   VIEW S_AVGQTY(SNO, PNO, QAVG)
AS
    SELECT SNO,PNO, AVG(QTY)
    FROM  SPJ
    GROUP BY SNO, PNO;
```

【例 3-110】　定义一个反映供应商供应各种零件供应总量的视图。

```
CREATE   VIEW SQTY_SP(SNO, SNAME, PNO,PNAME, SQTY)
AS
    SELECT S.SNO, SNAME, P.PNO, P.PNAME, SUM(QTY)
    FROM  S, P, SPJ
    WHERE S.SNO=SPJ.SNO AND P.PNO=SPJ.PNO
    GROUP BY S.SNO,SNAME,P.PNO,P.PNAME;
```

定义视图时子查询可以不指定属性列,但是这样可能会有潜在的维护问题。

【例 3-111】　将 S 表中所有北京供应商定义为一个视图的语句可以如下:

```
CREATE VIEW BJ_S (BJ_SNO, SNAME, STAT, CITY)
    AS
    SELECT *
    FROM  S
    WHERE CITY='北京';
```

这样做的缺点是,一旦在实际应用中根据需要修改了基本表 S 的结构,增加了新的列,BJ_S 视图与 S 表的映象关系就会被破坏,从而导致该视图不能正确工作。用下面的视图定义则只要视图中涉及的供应商 S 中原来的属性列不改变就不会有问题。

```
CREATE VIEW BJ_S (BJ_SNO, SNAME, STAT, CITY)
  AS
    SELECT SNO, SNAME, STAT, CITY
    FROM  S
    WHERE CITY='北京';
```

2. 删除视图

语句的格式:

```
DROP   VIEW  <视图名>;
```

该语句从数据字典中删除指定的视图定义。如果该视图上还导出了其他视图,可以使用 CASCADE 级联删除语句,把该视图和由它导出的所有视图一起删除,不支持

CASCADE 的 DBMS 中必须先手动删除导出的视图定义。

删除基本表时，由该基本表导出的所有视图定义都必须显式地使用 DROP VIEW 语句删除。

【例 3-112】 删除视图 BJ_S。

```
DROP VIEW BJ_S;
```

【例 3-113】 删除视图 S_BJ_VIEW2。

```
DROP VIEW S_BJ_VIEW2;
```

因为视图 S_BJ_VIEW2 上还定义有导出的视图 S_BJ_VIEW3，系统拒绝执行删除语句，在支持级联删除的系统中可以用如下语句删除视图：

```
DROP VIEW S_BJ_VIEW2 CASCADE;
```

或者在不支持级联删除的系统中可以先删除视图 S_BJ_VIEW3，再删除视图 S_BJ_VIEW2。

```
DROP VIEW S_BJ_VIEW3;
DROP VIEW S_BJ_VIEW2;
```

3.6.3　视图的操作

1. 查询视图

视图创建之后，从用户角度来看，就和基本表相同，可以进行各种查询操作，关系数据库管理系统实现对视图查询的方法通常用视图消解法（View Resolution）。

视图消解法首先对查询语句进行有效性检查，然后根据数据字典中视图的定义将其转换成等价的对基本表的查询，再执行修正后的对基本表的查询。

【例 3-114】 在"北京"供应商的视图中找出等级低于 B 的供应商。

```
SELECT   Sno, SNAME
FROM     S_BJ_VIEW
WHERE    STAT>'B';
```

结合 S_BJ_VIEW 视图的定义（参见例 3-104），用视图消解转换后的查询语句为

```
SELECT   SNO, SNAME
FROM     S
WHERE    CITY='北京' AND STAT>'B';
```

【例 3-115】 查询供应了 J001 号工程的"北京"供应商信息。

```
SELECT   S_BJ_VIEW.SNO,SNAME
FROM     S_BJ_VIEW, SPJ
WHERE    S_BJ_VIEW.SNO =SPJ.SNO AND SPJ.JNO='J001';
```

结合 S_BJ_VIEW 视图的定义(参见例 3-104),用视图消解转换后的查询语句为

```
SELECT   S.SNO, SNAME
FROM     S, SPJ
WHERE    S.CITY='北京' AND S.SNO =SPJ.SNO AND SPJ.JNO='J001';
```

视图消解法有一定的局限,有些情况下,视图消解法不能生成正确查询,系统必须根据视图的定义调整转换方法。

【例 3-116】 在 S_AVGQTY 视图中查询平均供应量在 300 以上的供应商号和平均供应量。

```
SELECT   *
FROM     S_AVGQTY
WHERE    QAVG>=300;
```

S_AVGQTY 视图的子查询定义是:

```
CREATE   VIEW S_AVGQTY(SNO, PNO, QAVG)
AS
    SELECT SNO, PNO, AVG(QTY)
    FROM   SPJ
    GROUP BY SNO, PNO;
```

用视图消解法进行查询转换得到的是错误的查询语句:

```
SELECT   SNO, PNO, AVG(QTY)
FROM     SPJ
WHERE    AVG(QTY)>=300
GROUP BY SNO, PNO;
```

正确的转换结果是:

```
SELECT   SNO, PNO, AVG(QTY)
FROM     SPJ
GROUP BY SNO, PNO
HAVING AVG(QTY)>=300;
```

2. 更新视图数据

更新视图是指通过视图进行数据的插入、修改和删除操作。和查询视图一样,对视图的更新操作也由数据库管理系统自动转换为对基本表的更新操作。更新中需要注意的是,如果定义视图时加了 WITH CHECK OPTION 子句,则更新操作时涉及的元组必须满足视图定义中的谓词条件。

(1)插入数据。

在视图中插入数据与在基本表中插入数据的操作相同,都是通过 INSERT 语句进行操作的。

【例 3-117】 向 S_BJ_VIEW 插入一条"北京"供应商信息"'S7'，'北京利民电子'，'B'，'北京'"。

```
INSERT
INTO S_BJ_VIEW
VALUES ('S7', '北京利民电子', 'B', '北京');
```

转换为向基本表 S 插入的语句：

```
INSERT
INTO S
VALUES ('S7', '北京利民电子', 'B', '北京');
```

（2）修改数据。

修改数据与修改基本表相同，通过使用 UPDATE 语句进行视图更新。

【例 3-118】 将北京供应商"北京新天地"的状态改为 B。

```
UPDATE S_BJ_VIEW
SET STAT='B'
WHERE SNAME='北京新天地';
```

转换后的语句：

```
UPDATE S
SET STAT='B'
WHERE SNAME='北京新天地' AND CITY='北京';
```

（3）删除视图数据。

通过使用 DELETE 语句可以将视图中的数据删除。

【例 3-119】 将供应商"北京新天地"的信息删除。

```
DELETE
FROM S_BJ_VIEW
WHERE SNAME='北京新天地';
```

转换为对基本表的更新：

```
DELETE
FROM S
WHERE SNAME='北京新天地'  AND  CITY='北京';
```

更新视图有一定的限制，有些视图是不可更新的，因为对这些视图的更新不能唯一有意义地转换成对相应基本表的更新。

【例 3-120】 视图 S_AVGQTY 为不可更新视图。因为 S_AVGQTY 视图中的数据是从 S 和 SPJ 表经过分组计算得到的，计算结果更新就失去实际意义。

```
UPDATE   S_AVGQTY
SET   Qavg=400
```

```
WHERE   Sno='5';
```

这个对视图的更新无法转换成对基本表 SPJ 的更新,实际应用中也不允许这种更新操作出现。

一般来说,允许对行列子集视图(基本表的部分行、列交叉元素构成的视图)进行更新,对其他类型视图的更新,不同系统有不同限制。

3. 查看视图的定义

当创建视图完成后,如果需要查看有关视图的定义语句,可以使用系统的存储过程 sp_helptext 语句进行查看。

【例 3-121】 查看 S_BJ_VIEW 的视图定义。

```
EXEC sp_helptext  S_BJ_VIEW;
```

3.7 存储过程

3.7.1 存储过程定义

存储过程(Stored Procedure)是在大型数据库系统中,一组为了完成特定功能的 SQL 语句集,经编译和优化后存储在数据库服务器中,再次调用时不需要再次编译。存储过程是数据库中的一个重要对象,可以接收和输出参数、返回执行存储过程的状态值,也可以嵌套调用,用户通过指定存储过程的名字并给出参数(如果该存储过程带有参数)来执行它。

3.7.2 存储过程的优点

1) 提高运行速度

存储过程只在创建时进行编译,以后每次执行存储过程都无须再重新编译,当调用时,其执行的 SQL 语句的大部分准备工作已经完成,而一般 SQL 语句每执行一次就编译一次,所以使用存储过程可提高数据库执行速度。

2) 增强了 SQL 的功能和灵活性

存储过程可以用 SQL 的流程控制语句进行编程,有很强的灵活性,能完成复杂的逻辑判断和复杂的运算。

3) 可以降低网络的通信量

存储过程存储在数据库服务器端,调用的时候只须传递存储过程的名称以及参数即可,因此降低了网络传输的流量。

4) 减轻了程序编写的工作量

存储过程可以一次编写,重复使用,从而可以减少数据库开发人员的工作量。

5）间接实现安全控制功能

可以授权某些用户执行某个存储过程来完成允许范围内的信息查询,而不直接在表和视图上进行查询。

6）便于集中控制

使用存储过程可以将体现企业管理规则的处理程序放入数据库服务器中,当规则发生改变时,只须修改服务器中的存储过程即可,不需要修改客户端程序。

3.7.3 存储过程的分类

存储过程可以分为系统存储过程、扩展存储过程和用户自定义的存储过程等。

1. 系统存储过程

系统存储过程由系统预先定义好,主要存放在 MASTER 数据库中,名称一般以 "SP_"开头,用来进行系统的各项设定,获取系统以及数据库的各种信息,进行相关的管理工作。尽管系统存储过程存储在 MASTER 数据库中,但在其他数据库里可以调用系统存储过程。有一些系统存储过程会在创建新的数据库的时候被自动创建在当前数据库中。

2. 用户自定义的存储过程

用户创建的存储过程也称为本地存储过程,是由用户创建并完成某一特定功能的存储过程,用 SQL 语句和 T-SQL 的流程控制语句根据应用需要编写,编译后保存在服务器端,在数据库应用系统中可以调用,完成特定功能。

3. 临时存储过程

临时存储过程分为两种:一是本地临时存储过程,以井号(♯)作为存储过程名的第一个字符,则该存储过程将成为一个存放在 tempdb 数据库中的本地临时存储过程,且只有创建它的用户才能执行它;二是全局临时存储过程,存储过程名以两个井号(♯♯)开始,则该存储过程将成为一个存储在 tempdb 数据库中的全局临时存储过程,全局临时存储过程一旦创建,以后连接到服务器的任意用户都可以执行它,而且不需要特定的权限。

4. 远程存储过程

远程存储过程(Remote Stored Procedures)是位于远程服务器上的存储过程,通常可以使用分布式查询和 EXECUTE 命令执行远程存储过程。

5. 扩展存储过程

扩展存储过程(Extended Stored Procedures)是用户使用外部程序设计语言编写的存储过程,扩展存储过程的名称通常以 xp_开头。

3.7.4　常用系统存储过程

系统存储过程在 SQL Server 联机手册里均有介绍，下面列举出部分。

```
exec sp_databases;                                    --查看数据库
exec sp_tables;                                       --查看当前数据库的表
exec sp_columns <table name>;                         --查看表的属性列
exec sp_helpIndex <table name>;                       --查看表的索引
exec sp_helpConstraint <table name>;                  --查看表的约束
exec sp_helptext <ob_name>;                           --查看数据库对象创建的定义语句
exec sp_stored_procedures;                            --查看存储过程
exec sp_rename <table name>, <new table name>;        --更改表名
exec sp_renamedb <DB name>, <new DB name>;            --更改数据库名称
exec sp_defaultdb <DB name>, <new DB name>;           --更改登录时的默认数据库
exec sp_helppdb;                                      --数据库帮助,查询数据库定义信息
exec sp_helpdb <DB name>;                             --数据库帮助,查询指定数据
                                                        库定义信息
exec sp_addlogin <login_name>, <pwd>, <db_name>       --创建登录账号
exec sp_grantdbaccess <login_name>, <user_name>;      --创建用户
EXEC sp_revokedbaccess  <user_name>;                  --删除用户
EXEC sp_droplogin  <login_name>;                      --删除登录账号
EXEC sp_addrole  <role_name>;                         --创建角色
EXEC sp_addrolemember  <role_name>, <user_name>;      --将用户加入角色
EXEC sp_droprole  <role_name>;                        --删除角色
exec sp_attach_db                                     --附加数据库
exec sp_detach_db                                     --分离数据库
```

【例 3-122】　调用系统存储过程的应用举例。

```
exec sp_databases
--查看有哪些数据库
use SPJ
exec sp_tables
--查看 SPJ 数据库的表
exec sp_columns S
--查看基本表 S 的属性列
exec sp_helpindex S
--查看基本表 S 上定义的索引
exec sp_helpconstraint S
--查看基本表 S 上定义的约束
exec sp_stored_procedures
--查看全部的存储过程
exec sp_defaultdb 'master', 'SPJ'
--将登录时的默认数据库由 master 改为 SPJ
```

```
exec sp_rename 'S', 'SUPPLIERS'
--更改表名 S 为 SUPPLIERS
use master
exec sp_renamedb 'SPJ', 'SPJ1'
--切换到 master 数据库,更改数据库名 SPJ 为 SPJ1
```

3.7.5 本地存储过程

1. 创建存储过程

```
CREATE PROC[EDURE] <procedure_name>[;number]
[ <@parameter data_type>[VARYING] [=default] [OUTPUT] ] [,...,n]
[WITH {RECOMPILE| ENCRYPTION| RECOMPILE, ENCRYPTION} ]
[FOR REPLICATION]
AS
<sql_statement>[,...,n]
```

说明:<procedure_name>为需要创建的存储过程的名字,该名字不可以以阿拉伯数字开头;存储过程名不能超过 128 个字。

[<@parameter data_type> [VARYING][= default][OUTPUT]]:参数说明。每个存储过程中最多设定 1024 个参数,每个参数名前要有一个"@"符号,每一个存储过程的参数仅为该程序内部使用,参数的类型除了 IMAGE 外,其他 SQL Server 所支持的数据类型都可使用。[default]为这个存储过程的参数设定默认值。[OUTPUT]是用来指定该参数是既有输入又有输出值的,也就是在调用这个存储过程时,如果所指定的参数值是需要输入的参数,同时也需要在结果中输出的,则该项必须为 OUTPUT,而如果只是做输出参数用,可以用 CURSOR,同时在使用该参数时,必须指定 VARYING 和 OUTPUT 这两个选项。

[WITH 〔RECOMPILE | ENCRYPTION | RECOMPILE,ENCRYPTION〕]:RECOMPILE 表示编译结果不保存,重新编译;ENCRYPTION 表示将存储过程加密。

<sql_statement> [,...,n]是用 SQL 语句和流程控制语句编写的 SQL 程序块,如是多条语句,则必须用 begin…end 框起来。

2. 调用存储过程

基本语法:

```
exec  <sp_name  [参数名]>
```

3. 删除存储过程

基本语法:

```
drop procedure <sp_name>
```

注意事项：不能在一个存储过程中删除另一个存储过程，只能调用另一个存储过程。

4. 修改存储过程

存储过程创建之后，在对象资源管理器中可以查看到，在需要修改的存储过程对象上右击鼠标，打开快捷菜单，然后单击"修改"，就可以打开存储过程的文本进行交互式编辑修改。

使用 ALTER 命令也可以修改存储过程文本，但是需要在命令中直接给出新文本，而不是在原文本基础上进行修改。

5. 显示存储过程

```
exec sp_helptext <sp_name>
```

调用系统存储过程 sp_helptext 可以显示＜sp_name＞这个存储过程对象的创建文本。

【例 3-123】 建立一个删除 SPJ 数据库中的某个工程的信息和相关的供应记录的存储过程 DEL_JNO。

```
Create Proc Del_JNO
@JNO char(4)                                /*定义变量*/
As
BEGIN
IF @JNO< >''
If exists(select * from j where JNO=@JNO)   /*检查工程号存在否*/
BEGIN
    Delete FROM SPJ WHERE JNO=@JNO;         /*删除该工程的供应记录*/
    Delete FROM J WHERE JNO=@JNO;           /*删除该工程记录*/
    PRINT '成功删除！'
END;
ELSE
    PRINT '工程号为空,请重输！'
END
```

其中，@JNO 是存储过程的参数，可以在应用程序界面中进行输入。

调用存储过程：

```
DECLARE @JNO CHAR(4);
EXEC Del_JNO  @JNO;                         /*@JNO 在应用程序中赋值*/
```

或者

```
EXEC Del_JNO  @JNO='J006';
```

【例 3-124】 定义一个存储过程 SUPPLY_query，根据用户输入的供应商号查询供应情况表 SPJ 中该供应商的供应数据。

```
create proc SUPPLY_query
@SNO char(4)
as
select * from SPJ  where  SNO=@SNO;
```

其中,@SNO是存储过程的参数,可以在应用程序界面中进行输入。

调用存储过程:

```
DECLARE @SNO CHAR(4);
EXEC SUPPLY_query  @SNO;                          /* @SNO 在应用程序中赋值 */
```

或者

```
EXEC SUPPLY_query  @SNO='S002';
```

【例 3-125】 定义存储过程,根据用户输入的供应商号或零件号,让用户查询 SPJ 数据库中对应的供应信息。

```
create proc s_P_query
@SNO char(4) ,
@PNO char(4)
as
BEGIN
IF @SNO<>'' AND @PNO<>''
    select * from SPJ  where  SNO=@SNO AND PNO=@PNO;
ELSE IF @SNO<>''
    select * from SPJ  where  SNO=@SNO;
ELSE
    select * from SPJ  where  PNO=@PNO;
END
```

其中,@SNO、@PNO是存储过程的参数,可以在应用程序界面中进行输入。

调用存储过程:

```
DECLARE @SNO CHAR(4);
DECLARE @PNO CHAR(4);
EXEC s_P_query  @SNO,@PNO;                        /* @SNO,@PNO 在应用程序中赋值 */
```

或者

```
EXEC s_P_query  @SNO='S002', @PNO='P002';
```

【例 3-126】 建立一个简单的存储过程 SPJ_S_QTY,这个存储过程根据用户输入的供应商号@SNO,由供应表 SPJ 中计算该供应商供应总量,这一总量通过@S_QTY 这一参数返回到调用这一存储过程的程序。

```
CREATE PROCEDURE SPJ_S_QTY
@SNO CHAR(4),
```

```
@S_QTY int
AS
SELECT @S_QTY=sum(QTY)
FROM SPJ
WHERE    SNO=@SNO;
```

其中,@SNO、@S_QTY 是存储过程的参数,可以在应用程序界面中进行输入。

调用存储过程:

```
DECLARE @SNO CHAR(4);
DECLARE @S_QTY INT;
SET @SNO ='S001';                        /* @SNO,@S_QTY 也以在应用程序中赋值 */
EXEC SPJ_S_QTY  @SNO,@S_QTY;
SELECT @S_QTY;
```

或者

```
EXEC SPJ_S_QTY  @SNO='S002', @S_QTY=0;      /* @SNO,@S_QTY 直接赋值 */
```

3.8　数据库安全性

3.8.1　安全性控制概述

数据库的一大特点是数据可以共享,数据共享必然带来数据库的安全问题,因为数据库系统中的数据共享不能是无条件的共享,应用领域的有些数据具有机密特性,例如军事秘密、国家机密、新产品实验数据、市场需求分析、市场营销策略、销售计划、客户档案、医疗档案、银行储蓄数据等,都是只有特定人员才能访问的,必须严格保密。

数据库安全性控制的目的就是保护数据库,防止不合法的使用造成数据库中的数据泄露、更改或破坏。

数据库安全性是计算机系统安全性的一个重要部分。计算机系统安全性有一系列的安全标准,最有影响力的是美国国防部的《DoD 可信计算机系统评估准则》(Trusted Computer System Evaluation Criteria,TCSEC)和国际标准化组织的(Common Criteria,CC)通用准则。目前 CC 基本取代了 TCSEC,成为评估信息产品安全性的主要标准。

1. 非法使用数据库的情况

随着计算机级数据库应用的普及,各种非法入侵计算机系统、盗用数据库的情况不断出现,大致有以下几种情形:

(1)编写合法程序绕过 DBMS 及其授权机制。

(2)直接或编写应用程序执行非授权操作。

(3)通过多次合法查询数据库从中推导出一些保密数据。

计算机系统中,安全措施是一级一级层层设置的。计算机系统的安全模型如图 3-12 所示。

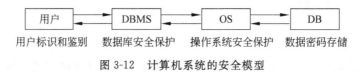

图 3-12　计算机系统的安全模型

2. 数据库安全性控制的常用方法

1) 用户标识和鉴定

用户标识与鉴别(Identification & Authentication)是系统提供的最外层安全保护措施,常用的措施是用户登录时提供用户标识和口令,系统核对口令以鉴别用户身份,从而防止非法用户入侵。

用户名和口令易被窃取,所以计算机系统通常要求口令是字母数字串,且口令的位数越长安全性越好,系统对口令都进行加密存储,并要求用户定期更改口令。

计算机系统还可以采用其他方法鉴别用户身份,比如指纹、虹膜、人脸识别等。

2) 存取控制

存取控制机制的组成包括定义用户权限和合法权限检查两部分,一起组成了数据库管理系统的安全子系统。

常用存取控制方法有:

(1) 自主存取控制(Discretionary Access Control,DAC),属于 C2 级,较为灵活。

(2) 强制存取控制(Mandatory Access Control,MAC),属于 B1 级,更加严格。

自主存取控制方法定义用户权限通过 SQL 的 GRANT、DENY 和 REVOKE 语句实现,用户访问数据库时系统进行合法性检查;强制存取控制由数据库管理系统自动实现,用户不能改变。

(3) 视图。

视图是虚表,是数据库用户的外模式,不同用户可以有不同的外模式。通过视图的定义,可以将基本表中的某些机密数据库隐藏起来,对部分用户不可见,从而起到一定的保护作用。

(4) 审计。

C2 以上安全级别的 DBMS 必须具有审计功能,系统建立审计日志(Audit Log),可以将用户访问数据库的所有操作记录下来,DBA 利用审计日志可以找出非法存取数据的人、时间和存取的内容。

审计分为用户级审计和系统级审计;用户级审计针对自己创建的数据库表或视图进行审计,记录所有用户对这些表或视图的一切成功和(或)不成功的访问要求以及各种类型的 SQL 操作;系统级审计由 DBA 设置,监测成功或失败的登录要求,监测 GRANT 和 REVOKE 操作以及其他数据库级权限下的操作。

(5) 密码存储。

对数据库中重要数据进行加密存储,是防止数据库中数据在存储和传输过程中失密的有效手段。这样即使数据库被入侵,或在网络传输中被窃取,数据信息也不会泄密。密码存储付出的代价是存取时要运行加密和解密算法,会降低访问效率。

不同数据库管理系统的安全性控制等级不同,安全等级越高,系统给用户提供的安全保障就越好,相应的数据库管理系统的商业价值也越高。

3.8.2　用户、用户权限与角色

不同数据库管理系统管理用户的具体方法不同。本小节主要介绍 SQL Server 数据库管理系统中的与安全性控制有关的用户、用户权限与角色概念。

自主存取控制机制的组成包括定义用户权限和合法权限检查两部分。

1. 用户权限组成

用户权限涉及数据库中数据对象以及对数据库对象的操作类型两个要素。定义用户存取权限即定义用户可以在哪些数据库对象上进行什么类型的操作。

定义存取权限称为授权,权限是执行操作、访问数据的通行证。只有拥有了针对某种数据对象的指定权限,才能对该对象执行相应的操作,也可以通过收回授权操作将授给用户或角色的权限收回。

关系数据库系统中存取控制对象包括属性列、基本表、视图、索引等,见表 3-12。

表 3-12　关系数据库系统中对象的存取权限

对象类型	对象	操作类型
数据库	模式	CREATE SCHEMA
模式	基本表	CREATE TABLE,ALTER TABLE
	视图	CREATE VIEW
数据	索引	CREATE INDEX
	基本表和视图	SELECT, INSERT, UPDATE, DELETE, REFERENCES, ALL [PRIVILEGES]
数据	属性列	SELECT,INSERT,UPDATE, REFERENCES,ALL[PRIVILEGES]

2. 数据库服务器登录账号和数据库用户

要想成功访问 SQL Server 数据库中的数据,需要两个方面的授权:

(1) 获得准许连接 SQL Server 数据库服务器的权利,这需要建立登录账号,或者叫登录名(login_name)。

(2) 获得访问服务器中特定数据库中数据的权利(select, update, delete, create table…),这需要为登录账号建立该数据库的用户(user),再为该用户授予对应权限。

即用户要访问数据库,必须首先注册一个登录数据库服务器的账号(登录账号),才能登录数据库服务器,然后在该数据库服务器的特定数据库中创建与登录账号关联的用户,

才能成为该数据库的安全账户（数据库用户）。

SQL Server 安装时默认的是 Windows 认证模式，Windows 操作系统的用户即为 SQL Server 数据库服务器的合法登录账号，这种登录名具有最高的服务器角色，也就是可以对服务器进行任何一种操作，而这种登录名具有的用户名 sa 是 DBO（系统自动赋予）角色，具有对所有用户创建的数据库中的数据进行一切操作的权限，所以，实验时一般感觉不到用户权限的限制。实际数据库应用系统中数据库管理员必须为不同用户创建不同的登录账号与数据库用户（为方便起见，一般登录账号与数据库用户采用相同的名字），并根据实际应用领域的情况进行权限管理。

SQL Server 提供了灵活的登录账号与数据库用户管理功能。

（1）创建数据库服务器登录账号。

可以用 create login 语句创建数据库服务器登录账号，语句格式为

```
create login <login_name>with password=<pwd>,default_database=<db_name>
```

或者用系统存储过程创建：

```
EXEC sp_addlogin <login_name>, <pwd>, <db_name>
```

其中，<login_name>为登录账号，<pwd>为登录密码，<db_name>是默认可访问的数据库服务器名。

登录账号是数据库服务器对象，需要在系统数据库 MASTER 中进行操作。

（2）创建数据库用户。

可以用 create login 语句为登录名创建指定数据库的用户，语句格式为

```
Create  user  <user_name>for login <login_name>
with  default_schema =<sch_name>
```

或者在指定数据库中执行系统存储过程创建：

```
EXEC sp_grantdbaccess <login_name>, <user_name>
```

其中，<user_name>是数据库用户名，<login_name>是与用户名关联的登录名（通常习惯上用户名与登录账号相同）；

<sch_name>是用户模式（架构）名，默认的是 dbo，数据库拥有者。系统中内置的用户模式还有 DBA、GUEST 等。

（3）删除数据库用户。

语句格式为

```
DROP USER <user_name>;
```

或者用系统存储过程：

```
EXEC sp_revokedbaccess  <user_name>
```

（4）禁用、启用登录账户。

语句格式为

```
alter login <login_name>disable          /*禁用登录账户*/
alter login <login_name>enable           /*启用登录账户*/
```

（5）登录账户改名。

语句格式为

```
alter login <login_name>with name=<new login_name>
```

（6）登录账户改密码。

语句格式为

```
alter login <login_name>with password='pwd'
```

（7）数据库用户改名。

语句格式为

```
alter user <user_name>with name=<new user_name>
```

（8）更改数据库用户模式（架构）。

语句格式为

```
alter user <user_name>with default_schema=<sch_name>
```

（9）删除 SQL Server 服务器登录账户。

语句格式为

```
DROP login <login_name>
```

或者用系统存储过程：

```
EXEC sp_droplogin  <login_name>
```

3. 数据库角色（Role）管理

数据库被大量用户共享，如果对每一个用户分别进行存取权限的定义和管理，工作量是十分巨大的，因此，数据库管理系统中引入数据库角色的概念。

数据库角色是被命名的一组与数据库操作相关的权限，即角色是权限的集合。可以为一组具有相同权限的用户创建一个角色，以此来简化权限管理的过程。

一个数据库角色可以添加多个数据库用户；一个数据库用户也可以加入到多个角色成为角色的成员。

数据库角色管理包括创建角色，将用户添加为角色成员，为角色定义存取权限、删除角色等功能。

（1）角色的创建。

语句格式为

```
CREATE  ROLE  <role_name>
```

或者用系统存储过程创建：

```
EXEC sp_addrole  <role_name>
```

其中,<role_name >是创建的角色名。

（2）添加用户或其他角色为角色的成员。

语句格式为

```
GRANT  <role_name 1>[,<role_name 2>]…
TO   [<user_name 1>]…
[WITH ADMIN OPTION]
```

或者用系统存储过程添加：

```
EXEC sp_addrolemember  <role_name>, <user_name>
```

数据库角色创建之后,可以通过 GRANT、REVOKE 语句对角色进行权限管理,作为该角色成员的所有数据库用户都具有角色所拥有的权限。

（3）删除角色。

语句格式为

```
DROP ROLE  <role_name>
```

或者用系统存储过程删除：

```
EXEC sp_droprole  <role_name>
```

3.8.3　权限管理

对于数据库中的用户和角色,可以进行授权 GRANT、收回授权 REVOKE、拒绝授权 DENY 等权限管理操作。

1. 授权 GRANT

为了允许用户执行某些活动或者操作数据,需要授予相应的权限,使用 GRANT 语句进行授权活动。

语法格式如下：

```
GRANT  {ALL [PRIVILEGES]|<statement>[,...,n]}
ON   [<object type>] <object>
TO <security_account>[,...,n] [WITH GRANT OPTION];
```

语义：将对指定操作对象的指定操作权限授予指定的用户或角色。

其中,各个参数的含义如下：

- ALL [PRIVILEGES]：表示授予被授权对象所有可以应用的权限,不推荐使用。
- <statement>：表示可以授予权限的命令,例如,CREATE TABLE,SELECT, UPDATE 等。
- <object type>：数据库对象的类型。

- <object>：可以授权的命令操作的数据库对象。
- <security_account>：定义被授予权限的用户对象，可以是系统已经创建的数据库用户或角色，PUBLIC 代表所有用户。
- [WITH GRANT OPTION]：选项表示所授予的权限是否可以转授其他用户。

发出 GRANT 语句的可以是 DBA，也可以是数据库对象创建者 DBO（即属主 Owner）或已经拥有该权限并可以转授权限的用户。

接受权限的可以是一个或多个具体的数据库用户，也可以是数据库角色，PUBLIC 代表数据库全体用户。

2. 收回权限 REVOKE

GRANT 语句授予的权限可以收回也可以拒绝。使用 REVOKE 语句收回以前授予的权限。

语法格式如下：

```
REVOKE  {ALL [PRIVILEGES]|<statement>[,...,n]}
ON   [<object type>] <object>
FROM  <security_account>[,...,n];
```

用 GRANT 语句授予的权限可以由 DBA 或其他授权者用 REVOKE 语句收回。各参数的含义与 GRANT 语句的相同。

3. 拒绝权限语句 DENY

在授予用户对象权限以后，数据库管理员可以根据实际情况在不撤销用户访问权限的情况下，拒绝用户访问数据库对象。

语法格式如下：

```
DENY  {ALL [PRIVILEGES]|<statement>[,...,n]}
ON   [<object type>] <object>
TO  <security_account>[,...,n];
```

用 DENY 语句拒绝给用户或角色授予权限。

各参数的含义与 GRANT 语句的相同。

4. revoke 与 deny 的区别

revoke：收回之前被授予的权限。

deny：拒绝给当前数据库内的指定的安全账户授予权限并防止安全账户通过其组或角色成员资格继承权限。比如，UserA 所在的角色组有 insert 权限，但是 Deny UserA 使其没有 insert 权限，那么以后即使 UserA 再加到其他含有 insert 权限的角色组中去，还是没有 insert 权限，除非该用户被显示授予 insert 权限。

5. 角色权限管理

（1）给角色授权

```
GRANT   <权限1>[,<权限2>]…
ON   [<对象类型>] <对象名>
TO <角色1>[,<角色2>]…
```

将一个角色授予其他的角色或用户

```
GRANT   <角色1>[,<角色2>]…
TO   <角色n>[,<用户1>]…
[WITH ADMIN OPTION]
```

（2）角色权限的收回

```
REVOKE <权限>[,<权限>]…
ON [<对象类型>] <对象名>
FROM <角色1>[,<角色2>]…
```

3.8.4 数据库安全综合应用举例

在个人计算机上安装 SQL Server 数据库管理系统时，通常默认选择 Windows 认证模式，即默认 Windows 账号即为合法的数据库服务器登录账号，进入 SQL Server 时无须登录，默认登录账户为 sa。

为了进行数据库安全性相关实验，请在 SQL Server 配置中设置认证模式为"SQL Server 和 Windows 身份验证模式"，这样，在进入 SQL Server 时，就会打开登录界面，可以用创建的登录账户登录 SQL Server 数据库服务器进行实验。

注意：在 SQL Server 配置中改变认证模式之后，必须关闭数据库服务器之后再重新启动，新的认证模式才能生效。

如果新建登录名无法登录，应该使用原登录名登录后作如下配置操作。

（1）修改服务器身份验证模式：右击数据库服务器，在快捷菜单中单击"属性"，打开服务器属性对话框，在"选择页"中选择"安全性"，界面如图 3-13 所示。将服务器身份验证选择为"SQL Server 和 Windows 身份验证模式"，单击"确定"按钮。

（2）将服务重新启动：打开 SQL Server Configuration Manager，选定 SQL Server 服务，右击 SQL Server(MSSQLSERVER)，选择"停止"，如图 3-14 所示，再右击选择"启动"，重新启动数据库服务器。

修改配置后，就可以使用新建的登录名登录数据库服务器。

下面以供应管理数据库 SPJ 为例，首先创建几个数据库服务器登录账号 U_WANG，U_ZHANG，U_LI，U_ZHAO，U_XIAO，然后在 SPJ 数据库中为登录账号创建同名的数据库用户，对这些用户进行基本表 S，P，J，SPJ 上的权限授予与回收管理；另外创建角色 R1_SPJ，R2_SPJ，分别授予不同的权限，然后将 U_WANG，U_ZHANG，U_LI 加入角

图 3-13 服务器属性

图 3-14 重新启动 SQL Server 服务

色 R1_SPJ,将 U_ZHAO,U_XIAO 加入角色 R2_SPJ,最后删除用户 U_XIAO 及登录
账号。

1. 创建服务器登录账号

(1) 用 create login 语句创建登录账号 U_WANG、U_ZHANG。

```
USE MASTER;
GO
create login U_WANG with password='123456', default_database=SPJ;
--登录账号是服务器对象,创建登录账号必须在系统数据库 MASTER 中进行
--创建服务器登录账号 U_WANG,密码为 123456,默认访问 SPJ 数据库
```

```
create login U_ZHANG with password='123456', default_database=SPJ;
```

（2）用系统存储过程 sp_addlogin 创建登录账号 U_LI，U_ZHAO，U_XIAO。

```
USE MASTER
GO
EXEC sp_addlogin 'U_LI', '123456', 'SPJ';
EXEC sp_addlogin 'U_ZHAO', '123456', 'SPJ';
EXEC sp_addlogin 'U_XIAO', '123456', 'SPJ';
```

2. 创建数据库用户

（1）用 create user 语句为登录账号 U_WANG，U_ZHANG 创建 SPJ 数据库用户。

```
Use SPJ
GO
create user U_WANG
for login U_WANG with default_schema=DBO;
--创建数据库用户 U_WANG,,默认使用 DBO 模式
create user U_ZHANG
for login U_ZHANG with default_schema=DBO;
```

（2）用系统存储过程 sp_grantdbaccess 为登录账号创建数据库用户。

```
USE SPJ;
GO
EXEC sp_grantdbaccess U_LI, U_LI;
EXEC sp_grantdbaccess U_ZHAO,U_ZHAO;
EXEC sp_grantdbaccess U_XIAO, U_XIAO;
```

3. 为用户分别授权

```
GRANT SELECT
ON  S
TO U_WANG, U_ZHANG, U_LI, U_ZHAO, U_XIAO;
GRANT SELECT
ON  P
TO U_WANG, U_ZHANG, U_LI, U_ZHAO, U_XIAO;
GRANT SELECT
ON  J
TO U_WANG, U_ZHANG, U_LI, U_ZHAO, U_XIAO;
GRANT SELECT
ON  SPJ
TO U_WANG, U_ZHANG, U_LI, U_ZHAO, U_XIAO;
--给所有用户查询表 S,P,J,SPJ 的权限
GRANT INSERT,UPDATE,DELETE
```

```
ON   S
TO U_WANG, U_ZHANG, U_LI;
GRANT INSERT,UPDATE,DELETE
ON   P
TO U_WANG, U_ZHANG, U_LI;
GRANT INSERT,UPDATE,DELETE
ON   J
TO U_WANG, U_ZHANG, U_LI;
GRANT INSERT,UPDATE,DELETE
ON   SPJ
TO U_WANG, U_ZHANG, U_LI;
--给用户 U_ WANG, U_ZHANG, U_LI 更新表 S,P,J,SPJ 的权限
GRANT INSERT,UPDATE,DELETE
ON   J
TO U_ZHAO, U_XIAO;
GRANT INSERT,UPDATE,DELETE
ON   SPJ
TO U_ZHAO, U_XIAO;
--给用户 U_ ZHAO, U_ XIAO 更新表 J,SPJ 的权限
```

授权之后,可以退出当前登录,用上述新建账号登录数据库服务器,进行相应的访问 SPJ 数据库的操作,验证授权操作的有效性。

4. 收回授权

```
REVOKE SELECT
ON S
FROM U_WANG, U_ZHANG, U_LI, U_ZHAO, U_XIAO;
REVOKE SELECT
ON P
FROM U_WANG, U_ZHANG, U_LI, U_ZHAO, U_XIAO;
REVOKE SELECT
ON J
FROM U_WANG, U_ZHANG, U_LI, U_ZHAO, U_XIAO;
REVOKE SELECT
ON SPJ
FROM U_WANG, U_ZHANG, U_LI, U_ZHAO, U_XIAO;
--收回所有用户查询表 S,P,J,SPJ 的权限
REVOKE INSERT,UPDATE,DELETE
ON S
FROM U_WANG, U_ZHANG, U_LI;
REVOKE INSERT,UPDATE,DELETE
ON P
FROM U_WANG, U_ZHANG, U_LI;
```

```
REVOKE INSERT,UPDATE,DELETE
ON SPJ
FROM U_WANG, U_ZHANG, U_LI;
```
--收回用户 U_WANG, U_ZHANG, U_LI 更新表 S,P,SPJ 的权限
```
REVOKE INSERT,UPDATE,DELETE
ON J
FROM U_ZHAO, U_XIAO;
REVOKE INSERT,UPDATE,DELETE
ON SPJ
FROM U_ZHAO, U_XIAO;
```
--收回用户 U_ZHAO, U_XIAO 更新表 J,SPJ 的权限

收回权限之后,可以再用上述账号登录数据库服务器,进行相应的访问 SPJ 数据库的操作,验证收回授权操作的有效性。

5. 创建角色

用 SQL 语句和系统存储过程分别创建角色 R1_SPJ、R2_SPJ。

```
CREATE ROLE R1_SPJ;
EXEC sp_addrole  'R2_SPJ';
```

6. 为角色 R1_SPJ、R2_SPJ 授权

用 GRANT 语句为角色 R1_SPJ、R2_SPJ 分别授权。

```
GRANT SELECT
ON S
TO R1_SPJ,R2_SPJ;
GRANT SELECT
ON P
TO R1_SPJ,R2_SPJ;
GRANT SELECT
ON J
TO R1_SPJ,R2_SPJ;
GRANT SELECT
ON SPJ
TO R1_SPJ,R2_SPJ;
```
--授予角色 R1_SPJ、R2_SPJ 查询表 S,P,J,SPJ 的权限
```
GRANT INSERT,UPDATE,DELETE
ON S
TO R1_SPJ;
GRANT INSERT,UPDATE,DELETE
ON P
TO R1_SPJ;
```

```
GRANT INSERT,UPDATE,DELETE
ON J
TO R1_SPJ;
GRANT INSERT,UPDATE,DELETE
ON SPJ
TO R1_SPJ;
--授予角色 R1_SPJ 更新表 S,P,J,SPJ 的权限
GRANT INSERT,UPDATE,DELETE
ON SPJ
TO R2_SPJ;
--授予角色 R2_SPJ 更新表 SPJ 的权限
```

7. 将用户加入角色

```
EXEC sp_addrolemember  'R1_SPJ', 'U_WANG';
EXEC sp_addrolemember  'R1_SPJ', 'U_ZHANG';
EXEC sp_addrolemember  'R1_SPJ', 'U_LI';
EXEC sp_addrolemember  'R2_SPJ', 'U_ZHAO';
EXEC sp_addrolemember  'R2_SPJ', 'U_XIAO';
```

可以再次用上述账号登录数据库服务器,进行相应的访问 SPJ 数据库的操作,验证授权操作的有效性。

8. 收回角色权限

```
REVOKE INSERT,UPDATE,DELETE
ON S
FROM R1_SPJ;
REVOKE INSERT,UPDATE,DELETE
ON P
FROM R1_SPJ;
REVOKE INSERT,UPDATE,DELETE
ON J
FROM R1_SPJ;
REVOKE INSERT,UPDATE,DELETE
ON SPJ
FROM R1_SPJ;
REVOKE INSERT,UPDATE,DELETE
ON SPJ
FROM R2_SPJ;
```

可以再次用上述账号登录数据库服务器,进行相应的访问 SPJ 数据库的操作,此时上述用户只能查询 SPJ 数据库中的表,不能进行更新操作了。

9. 删除用户

```
EXEC sp_dropuser 'U_ZHAO';
EXEC sp_dropuser 'U_XIAO';
```

10. 删除角色

```
EXEC sp_droprole 'R2_SPJ';
```

11. 删除登录账号

```
EXEC sp_droplogin 'U_ZHAO';
EXEC sp_droplogin 'U_XIAO';
```

3.9 数据库完整性

3.9.1 数据库完整性概述

数据库的完整性是指数据的正确性和相容性。

数据的完整性和安全性是两个不同概念,数据的安全性是指保护数据库防止恶意破坏和非法存取,防范对象是非法用户和非法操作;而数据的完整性是防止数据库中存在不符合语义的数据,也就是防止数据库中存在不正确的、与现实世界不相符的数据,防范对象是不合语义的、不正确的数据。

数据库完整性控制机制应具有的功能如下:

(1) 定义功能,即提供定义完整性约束条件的机制。

(2) 检查功能,即检查用户发出的操作请求是否违背了完整性约束条件。

(3) 保证功能,若发现有违背约束条件的操作,则采取一定的动作来保证数据的完整性。数据库管理系统通常有如下两种实现方式。

① 立即执行约束:检查和保证功能在一条语句执行完后立即进行。

② 延迟执行约束:检查和保证功能延迟到整个事务执行结束后再进行。

关系数据库系统提供三类完整性约束:

(1) 实体完整性。

(2) 参照完整性。

(3) 用户定义的完整性。

其中,最重要的完整性约束是实体完整性、参照完整性,关系数据库系统必须完全支持,其他完整性约束条件可归入用户定义的完整性,数据库管理系统提供完整性约束条件的定义和保证机制,由用户根据应用语义使用。

3.9.2 实体完整性

基本关系中的每一个元组代表客观存在的一个实体或实体间的一个联系,它们是确定的并且互相可以区分。在关系数据库管理系统中,实体完整性通过定义基本关系的主码(PRIMARY KEY)来实现,关系的主码是用来唯一标识关系中元组的属性或属性组,主码中的属性称为主属性,实体完整性规定基本关系的主属性不能取空值 NULL。空值就是指"不知道"或"不确定"的值。

1. 实体完整性定义

主码可以在用 CREATE TABLE 语句创建基本表时用 PRIMARY KEY 来定义,也可以在创建表之后再定义。

在 CREATE TABLE 中用 PRIMARY KEY 定义主码时,如果是单属性构成的主码有两种说明方法:既可以定义为列级约束条件,也可以定义为表级约束条件;对由多个属性构成的主码只有一种定义方法,那就是定义为表级约束条件。

【例 3-127】 将 S 表中的 Sno 属性定义为主码。

1) 在列级定义主码

```
CREATE TABLE S
( SNO   CHAR(4)   PRIMARY KEY,
SNAME   CHAR(20),
STAT   CHAR(2),
CITY   CHAR(10)
);
```

2) 在表级定义主码

```
CREATE TABLE S
( SNO   CHAR(4),
SNAME   CHAR(20),
STAT   CHAR(2),
CITY   CHAR(10),
PRIMARY KEY(SNO)
);
```

【例 3-128】 将 SPJ 表中的 SNO,PNO,JNO 属性组定义为主码。

```
CREATE TABLE SPJ
( SNO  CHAR(4),
PNO CHAR(4)),
JNO   CHAR(4),
QTY   INT,
PRIMARY KEY(SNO,PNO,JNO)              /*属性组只能在表级约束定义主码*/
);
```

2. 实体完整性检查和违约处理

对基本表进行元组插入或对主码属性列进行更新操作时,RDBMS 按照实体完整性规则自动进行检查。包括:

(1) 检查主码值是否唯一,如果不唯一则拒绝插入或修改。

(2) 检查主码的各个属性是否为空值,只要有一个为空值就拒绝插入或修改。

检查记录中主码值是否唯一的一般方法是进行全表扫描或在索引中进行查找,有一定的时间开销。当基本表中元组数量非常多,占据存储空间巨大时,索引的提速作用十分显著。

3.9.3 参照完整性

参照完整性用于实现相互有联系的实体之间的参照关系,在关系数据库管理系统中,通过定义外部码约束实现。参照完整性规则要求参照关系中外部码属性的取值只能是被参照关系的主码值或空值 NULL,而不能取其他值。

1. 参照完整性定义

在定义基本表的 CREATE TABLE 语句中可以用 FOREIGN KEY 短语定义哪些列为外部码,在 FOREIGN KEY 短语中用 REFERENCES 短语指明这些外部码属性参照哪些表的主码。

例如,供应商关系 SPJ 中的一个元组表示一个供应商供应某种零件给某个工程项目的供应数量,(SNO,PNO,JNO)属性组是主码。SNO,PNO,JNO 三个属性都是外部码,分别参照引用供应商表 S 的主码 SNO、零件表 P 的主码 PNO 和工程项目表 J 的主码 JNO。

【例 3-129】 定义 SPJ 中的参照完整性。

```
CREATE TABLE SPJ
(
SNO    char(4) NOT NULL,
PNO    char(4) NOT NULL,
JNO    char(4) NOT NULL,
QTY    int,
PRIMARY KEY (SNO,PNO,JNO),
FOREIGN KEY (SNO) REFERENCES S(SNO),
FOREIGN KEY (PNO) REFERENCES P(PNO),
FOREIGN KEY (JNO) REFERENCES J(JNO)            /* 只能在表级约束中定义外部码 */
);
```

2. 参照完整性检查和违约处理

当删除被参照关系中元组或修改元组的主码值时,可能会出现违反参照完整性的情况,关系数据库管理系统会自动进行检查。一旦发现违反参照完整性的操作,违约处理有如下三种情形。

1) 拒绝执行(NO ACTION)

发现操作违反参照完整性约束,系统拒绝执行该操作,这是默认的处理策略。

2) 级联操作(CASCADE)

发现操作违反参照完整性约束,系统执行级联操作,即删除被参照关系中元组时,参照关系中相应元组被级联删除;修改被参照关系中元组的主码值时,参照关系中相应元组的属性值做级联修改,以此保证操作不破坏关系的参照完整性约束。

3) 设置为空值(SET-NULL)

发现操作违反参照完整性约束,系统将参照关系中相应元组的对应外码属性值设置为空值 NULL,以此保证操作不破坏关系的参照完整性约束。这种处理只在某些情况下(外码属性不是主属性)适用,当外码属性也是主码的组成部分时,受实体完整性约束,属性不能取空值。

对于参照完整性约束,除了应该定义外码属性,还应定义外码属性是否允许空值,也可以在定义参照完整性的同时显式说明违约处理的方法。

【例 3-130】 定义 SPJ 表中的参照完整性,并显式说明参照完整性的违约处理方法。

```
CREATE TABLE SPJ
(
SNO    char(4) NOT NULL,
PNO    char(4) NOT NULL,
JNO    char(4) NOT NULL,
QTY    int,
PRIMARY KEY (SNO,PNO,JNO),    /*只能在表级约束中定义主码*/
FOREIGN KEY (SNO) REFERENCES S(SNO)
ON DELETE CASCADE             /*当删除 S 表中的元组时,级联删除 SPJ 表中相应元组*/
ON UPDATE CASCADE,            /*当更新 S 表中 Sno 时,级联更新 SPJ 表中相应元组*/
FOREIGN KEY (PNO) REFERENCES P(PNO)
ON DELETE NO ACTION
/*当删除 P 表中的元组造成了与 SPJ 表不一致时拒绝删除*/
ON UPDATE CASCADE,
/*当更新 P 表中的 Pno 属性值时,级联更新 SPJ 表中相应的元组*/
FOREIGN KEY (JNO) REFERENCES J(JNO)
);
```

3.9.4 用户定义的完整性

用户定义的完整性是针对某一具体应用的约束条件,反映某一特定关系数据库中的数据必须满足的语义要求,体现了具体应用领域中的语义约束,即管理规定。

RDBMS 提供用户定义的完整性约束功能,而不必由应用程序承担,以减轻应用程序的负担。

用户定义的完整性约束可以分为属性上的约束条件和元组上的约束条件。

1. 属性上的约束条件

（1）属性上的约束条件的定义。

属性上的约束条件的定义可以在 CREATE TABLE 时进行，也可以用交互式方式进行。约束类型有列值非空（NOT NULL 约束）、列值唯一（UNIQUE 约束）、默认值 default 以及检查列值是否满足一个布尔表达式（CHECK 约束）。

① 列值非空（NOT NULL）约束。

定义属性列时加上 NOT NULL 约束，则表中该属性列不能取空值 NULL，表中任何元组在该属性列上必须有明确的值，否则不能插入到表中。

【例 3-131】 在定义 S 表时，说明 SNO、SNAME 属性不允许取空值。

```
CREATE TABLE S
( SNO   CHAR(4)   NOT NULL PRIMARY KEY,
SNAME   CHAR(20)   NOT NULL,
STAT   CHAR(2),
CITY   CHAR(10)
PRIMARY KEY (Sno));
```

本例在表级定义实体完整性，隐含了 SNO 不允许取空值，在列级不允许取空值的定义可以不用。

② 列值唯一（UNIQUE）约束。

定义属性列时加上 UNIQUE 约束，则表中该属性列的取值必须具有唯一性，不允许两个元组在该属性列上具有相同的值。

【例 3-132】 建立一个部门表 DEPT，要求部门名称 DNAME 列取值唯一，部门编号 DEPTNO 列为主码。

```
CREATE TABLE DEPT
( Deptno   CHAR(2) PRIMARY KEY,
Dname   CHAR(10)   UNIQUE,            /* 要求 Dname 列值唯一 */
Location   CHAR(10)
);
```

③ 默认值（default）。

定义属性列时使用 default 约束，可以设置表中该属性列的默认值，即插入元组时如果该属性列没有赋值，则 DBMS 自动给元组的该属性列赋给定的默认值。

【例 3-133】 设置零件表中的零件颜色默认为"红"色。

```
CREATE TABLE P
(
PNO   char(4) NOT NULL PRIMARY KEY,
PNAME char(10) NOT NULL,
```

```
COLOR   char(2)   default   '红',       /*设置 COLOR 默认值为"红"*/
WT   SMALLINT
);
```

SQL Server 提供了定义默认值对象的机制,可以用 CREATE DEFAULT 语句定义命名的默认值对象,然后用系统存储过程 SP_BINDEFAULT 绑定到需要定义默认值的数据列。

```
CREATE DEFAULT QTY_DEF AS 0;
--定义默认值对象 QTY_DEF 的值为 0
SP_BINDEFAULT 'QTY_DEF','SPJ.QTY';
--绑定到 SPJ 表的 QTY 列
SP_UNBINDEFAULT  'SPJ.QTY';
---解除绑定在 SPJ 表的 QTY 列的默认值约束
SP_HELPTEXT QTY_DEF;
--查看默认值的定义
```

④ 用 CHECK 短语指定列值应该满足的条件(CHECK 约束)。

定义属性列时可以用 CHECK 短语指定属性列的值应该满足的条件,CHECK 约束使用表达式表达约束条件,比较灵活,可以满足不同应用领域的不同需求。

【例 3-134】 规定供应商 S 表的 STAT 属性只允许取值 A、B 或 C。

```
CREATE TABLE S
(Sno   CHAR(4) PRIMARY KEY,
Sname CHAR(20) NOT NULL,
STAT   CHAR(2)   CHECK (STAT IN ('A', 'B', 'C')),
/*状态属性 STAT 只允许取 A、B 或 C*/
CITY   CHAR(10)
);
```

⑤ 规则(RULE)机制。

SQL Server 提供了定义规则的机制,规则的功能类似于 CHECK 约束,不同的是 CHECK 约束直接定义在基本表的属性列上,一个表可以定义多个 CHECK 约束;而规则是用 CREATE RULE 语句定义的命名对象,定义之后用系统存储过程 SP_BINDRULE 绑定到需要定义约束的数据列上实现对列值的约束,一个基本表只能使用一个规则。

```
CREATE RULE QTY_RULE AS @VALUE>=0 and @value<=1000;
--定义规则 QTY_RULE,设定取值范围
SP_BINDRULE 'QTY_RULE','SPJ.QTY';
--将规则绑定到 SPJ 表的 QTY 属性列
SP_UNBINDRULE 'SPJ.QTY';
--解除 SPJ 表的 QTY 属性列绑定的规则
SP_HELPTEXT QTY_RULE;
--查看规则定义
DROP RULE QTY_RULE;
```

--删除规则

（2）属性上的约束条件检查和违约处理。

向基本关系中插入元组或修改属性的值时，RDBMS 检查属性上的约束条件是否被满足，如果不满足则操作被拒绝执行。

2. 元组上的约束条件

（1）元组上的约束条件的定义。

同属性值限制相比，元组级的限制可以设置不同属性之间取值的相互约束条件，一般用 CHECK 短语定义实现。

元组上的约束条件的定义可以在 CREATE TABLE 时进行，也可以创建表之后再以命名约束方式进行。

【例 3-135】 规定供应商的名称必须包含所在城市名。

```
CREATE TABLE S
(Sno   CHAR(4) PRIMARY KEY,
Sname CHAR(20) NOT NULL,
STAT   CHAR(2)   CHECK (STAT IN ('A', 'B', 'C')),
/*状态属性 STAT 只允许取 A、B 或 C*/
CITY   CHAR(10)   CHECK(CHARINDEX(CITY,SNAME)>0)
/*检查 CITY 属性值是 SNAME 属性值的子串*/
);
```

说明：CHARINDEX（<expression1>,<expression2>[,<start_location>]）是字符串搜索函数，返回第一个参数字符串<expression1>在第二个参数字符串<expression2>中的起始位置，[,<start_location>]是可选参数，说明在<expression2>中搜索<expression1>时的起始字符位置。如果没有给定<start_location>，而是一个负数或零，则将从<expression2>的起始位置开始搜索。

（2）元组上的约束条件的检查和违约处理。

插入元组或修改元组属性的值时，RDBMS 检查元组上的完整性约束条件是否被满足。如果不满足则操作被拒绝执行。

3. 完整性约束命名子句

约束（CONSTRAINT）是关系数据库系统中的一类对象，可以用 CONSTRAINT 命令加以定义并命名，CONSTRAINT 约束子句可以直接在 CREATE TABLE 语句中使用，也可以单独使用，之后再绑定到相应的基本表或属性列上。

CONSTRAINT 约束命名子句的格式如下，可以定义主码、外部码、CHECK 约束：

```
CONSTRAINT <完整性约束条件名>
[PRIMARY KEY <短语>| FOREIGN KEY <短语>|CHECK <短语>]
```

【例 3-136】 建立供应商表 S，要求供应商号以字母 S 开头，供应商名不能取空值，

STAT 属性只允许取值 A、B 或 C,供应商的名称必须包含其所在城市名。

```
CREATE TABLE S
(Sno  CHAR(4) CONSTRAINT C1 CHECK (SNO LIKE 'S%'),
Sname CHAR(20) CONSTRAINT C2 NOT NULL,
STAT CHAR(2)   CONSTRAINT C3 CHECK (STAT IN ('A','B','C')),
CITY  CHAR(10),
CONSTRAINT C4 CHECK(CHARINDEX(CITY,SNAME)>0),
CONSTRAINT SKey PRIMARY KEY(sno)
);
```

语句在 S 表上建立了 5 个约束条件,包括主码约束(命名为 SKEY)以及 C1、C2、C3、C4 四个命名约束。

4. 修改表中的完整性约束

创建表并定义完整性约束条件之后,可以使用 ALTER TABLE 语句修改表中的命名完整性约束限制。可以删除或修改已有的约束条件,也可以增加新的约束。

【例 3-137】　修改表 S 中的约束条件,去掉例 3-136 的 S 表中对供应商名和城市的限制,即删除原来的约束条件 C4。

```
ALTER TABLE S
DROP CONSTRAINT C4;
```

【例 3-138】　修改表 S 中的约束条件,要求供应商号改为以 S 开头,后三位只能取数字,即为 S000～S999。可以先删除原来的约束条件,再增加新的约束条件。

```
ALTER TABLE S
DROP CONSTRAINT C1;
ALTER TABLE S
ADD CONSTRAINT C1 CHECK (SNO LIKE 'S[0-9][0-9][0-9]');
```

对于定义基本表时没有命名的约束,DBMS 都会自动给予命名,可以在 Management Studio 的对象资源管理器中查询到。

5. 域完整性限制

域完整性属于用户定义的完整性,指属性列的值域的完整性。如数据类型、格式、值域范围、是否允许空值等,它保证表中某些列不能输入无效的值。

域完整性限制了某些属性中出现的值,把属性限制在一个有限的集合(域)中。例如,如果属性类型是整数,那么它就不能是 101.5 或任何非整数。

上述 CHECK 约束、UNIQUE 约束、default 默认值、not null/null 约束都属于域完整性约束,保证列的值域的完整性。

3.9.5　触发器

触发器(Trigger)是用户定义在关系表上的一类由事件驱动的特殊过程。触发器一经定义,就由数据库管理系统根据用户的操作自动激活运行。

触发器中包含 SQL 代码段,可以进行更为复杂的检查和操作,具有更精细和更强大的数据控制能力,其作用类似于约束,但比约束更灵活。

触发器并非 SQL-92 、SQL-99 规范核心内容,不同的 RDBMS 中,定义触发器的语法有所不同。

1. 触发器(trigger)概念

触发器(trigger)是只允许表的创建者建立在基本表上的一种特殊的存储过程,保存在数据库服务器中,它的执行不是由程序调用,也不是手工启动,而是由相应的事件来触发驱动。比如,如果在表上建立了 insert、delete、update 类型的触发器,则用户当对表进行这类操作(insert、delete、update)时就会激活它,自动执行其中的 SQL 语句,确保对数据的处理必须符合由这些 SQL 语句所定义的约束规则。触发器经常用于加强数据的完整性约束和业务规则等,因为是用 SQL 编写触发动作代码,可以包含复杂的处理过程,所以能够实现比约束机制更细致更复杂的完整性规则。

2. 触发器的作用

触发器的主要作用就是其能够实现由主码和外部码所不能保证的复杂的参照完整性和数据的一致性检查。除此之外,触发器还有许多不同的功能。

(1) 强化约束(Enforce restriction)。

触发器是一种高级约束,可以实现比 CHECK 语句更为复杂的约束。

(2) 跟踪变化(Auditing changes)。

触发器可以侦测数据库内的操作,从而不允许数据库中未经许可的更新和变化出现。

(3) 级联运行(Cascaded operation)。

触发器可以侦测数据库内的操作,并自动地级联影响整个数据库的各项内容。例如,某个表上的触发器中包含对另外一个表的数据更新操作(如删除、修改、插入),而该操作又可能导致该表上的触发器被触发。

(4) 存储过程的调用(Stored procedure invocation)。

为了响应数据库更新操作,触发器可以调用一个或多个存储过程,甚至可以通过外部过程的调用而在数据库管理系统之外进行操作。

触发器是一种特殊的存储过程,也具备事务的功能,它能在多表之间执行特殊的业务规则,它不同于之前介绍的存储过程,触发器主要是通过事件触发而被数据库管理系统自动调用执行的,而存储过程可以通过存储过程的名称被调用。

注意:实际应用中要慎用触发器。

触发器功能强大,轻松可靠地实现许多复杂的功能,但是要慎用。触发器性能通常比较低,当运行触发器时,系统处理的大部分时间花费在参照其他表的处理上,触发器滥用会造成数据库及应用程序的维护困难。在关系数据库操作中,主码、外部码、规则、约束、默认值都是保证数据完整性的重要保障。一般来说,只有当遇到用这些机制无法实现的复杂的约束要求时,才建议用触发器实现。如果对触发器过分依赖,势必影响数据库的运行效率,同时增加维护的复杂程度。

3. 触发器的分类

触发器是在 SQL-99 之后才加入 SQL 标准的,但是在这之前很多关系数据库管理系统产品就已经支持触发器,所以不同产品实现的触发器的语法各不相同,一般互不兼容。本教程主要以 SQL Server 为例加以介绍。

SQL Server 包括三种常规类型的触发器:DML 触发器、DDL 触发器和登录触发器。

1) DML 触发器

如果对数据库的表编写了 DML 触发器,当数据操作(包括 insert, update, delete 任意操作)使得表中的数据发生变化时,那么触发器会自动执行。DML 触发器的主要作用在于强制执行业务规则,以及扩展 SQL Server 约束等。因为约束只能约束同一个表中的数据,而触发器中则可以执行任意 SQL 命令,操作关联的其他表的数据。DML 触发器是应用最多的触发器。

SQL Server 2000 以上版本支持两种类型的 DML 触发器:AFTER 触发器和 INSTEAD OF 触发器。其中,AFTER 触发器只有执行某一操作(Insert、Update、Delete)之后,触发器才被触发,且只能在基本表上定义,可以为针对表的同一操作定义多个触发器。对于多个 AFTER 触发器,可以定义哪一个触发器被最先触发,哪一个被最后触发,通常使用系统过程 sp_settriggerorder 来完成此任务。

INSTEAD OF 触发器表示并不执行其所定义的操作(Insert,Update,Delete),而仅是执行触发器本身。既可以在表上定义 INSTEAD OF 触发器,也可以在视图上定义 INSTEAD OF 触发器,但对同一操作只能定义一个 INSTEAD OF 触发器。

2) DDL 触发器

DDL 触发器是 SQL Server 2005 之后新增的触发器,主要用于审核与规范对数据库中表、触发器、视图等结构上的操作,比如修改表、修改列、新增表、新增列等。它在数据库结构发生变化时被触发执行,主要用来记录数据库的修改过程,以及限制程序员对数据库结构的修改,比如不允许删除某些指定表等。

3) 登录触发器

登录触发器是为响应 LOGIN 登录事件而激发的存储过程,与 SQL Server 实例建立用户会话时将触发此事件。登录触发器在登录的身份验证阶段完成之后且用户会话实际建立之前激发。因此,来自触发器内部且通常将到达用户的所有消息(例如错误消息和来自 PRINT 语句的消息)会传送到 SQL Server 错误日志里。如果身份验证失败,将不激发登录触发器。

本节主要介绍应用较多的 DML 触发器。

4. 定义触发器

定义触发器的 SQL 语法如下:

```
CREATE TRIGGER [<databaseName>.]<triggerName>
<[ INSTEAD OF | AFTER ] ><[ INSERT | UPDATE | DELETE ]>
```

```
ON   [dbo]<tableName>
[FOR EACH <ROW| STATEMENT>]
AS
BEGIN
SQL 语句;
    ⋮
END
```

其中：

- <databaseName>：数据库名。
- <triggerName>：触发器名。
- [INSTEAD OF | AFTER]：说明触发器的触发时机，默认为 AFTER。
- [INSERT | UPDATE | DELETE]：触发器事件类型。
- ON   [dbo]<tableName>：<tableName>说明触发器所在的表，dbo 代表该表的所有者。
- [FOR EACH <ROW| STATEMENT>]：行级 | 语句级触发器说明，决定触发器执行次数，行级触发器当操作每涉及一行触发执行一次，语句级触发器只触发执行一次。
- AS BEGIN ... END：触发动作体，是 T-SQL 代码段。可以是一个匿名 SQL 过程块，也可以是对已创建存储过程的调用，在其中使用 INSERTED、DELETED 分别代表被插入和删除的对象，UPDATE 操作更新前的值在 DELETED 中，更新后的值在 INSERTED 中。

例如，假设在 S 表上创建了一个 AFTER UPDATE 触发器。如果表 S 有 1000 行，执行如下语句：

```
UPDATE S
SET STAT='A';
```

如果该触发器为语句级触发器，那么执行完该语句后，触发动作只发生一次；如果是行级触发器，触发动作将执行 1000 次。

【例 3-139】　在供应商表 S 上建立 insert 触发器，规定不能插入供应商号为 S000 的元组。

```
create trigger tri_insert_S
On   s
for insert
as
declare @sNO CHAr(4)
select @sNO=sNO
from  inserted;
if @sNO='S000'
begin
    raiserror('不能插入 S000 的供应商号!',16,8)
```

```
        rollback
    end
Go
```

执行以下语句检验触发器的有效性：

```
INSERT INTO S VALUES('S000','合肥五环','C','合肥');
```

【例 3-140】　在供应商表 S 上建立 update 触发器，规定供应商号不能修改。

```
create trigger tri_update_S
on s
for update
as
if update(sNO)
begin
    raiserror('供应商号不能修改!',16,8);
    rollback
end
Go
```

执行以下语句检验触发器的有效性：

```
UPDATE S
SET SNO='S008'
WHERE SNO='S007';
```

【例 3-141】　在供应商表 S 上建立 delete 触发器，规定供应商号为 S999 的元组不能删除。

```
create trigger tri_delete_S
on s
for delete
as
Begin
declare @sno char(4);
select @sno=sno
from   deleted;
if @sno='S999'
begin
    raiserror('错误',16,8);
    rollback
EnD
EnD
GO
```

执行以下语句检验触发器的有效性：

```
INSERT INTO S
VALUES('S999','合肥五环','C','合肥');
DELETE FROM   S
WHERE SNO='S999';
```

【例 3-142】 在供应表 SPJ 上建立一个 UPDATE 触发器,规定当修改某个供应量且增加超过 50% 时,相应的供应记录变化情况写入另一个已经建立的表 SPJ_INC 里,SPJ_INC 表的属性有(SNO,PNO,JNO,QTY_OLD,QTY_NEW),其中,QTY_OLD 是修改前的供应量,QTY_NEW 是修改后的供应量。

```
create   TABLE   SPJ_INC
(SNO CHAR(4) NOT NULL,
PNO CHAR(4) NOT NULL,
JNO CHAR(4) NOT NULL,
QTY_OLD   INT,
QTY_NEW   INT,
PRIMARY KEY(SNO,PNO,JNO)
);                                    /* 创建 SPJ_INC 表的 SQL 语句 */
create trigger tri_UPDATE_SPJ
on sPJ
for UPDATE
as
BEGIN
declare @QTY_OLD   INT
declare @QTY_NEW   INT
declare @SNO   CHAR(4)
declare @PNO   CHAR(4)
declare @JNO   CHAR(4)
IF UPDATE(QTY)
BEGIN
select @QTY_OLD=QTY   from   deleted;
select @SNO =sno, @PNO =pno, @jNO =jno,@QTY_NEW=QTY
from INSERted;;
if (@QTY_NEW-@QTY_OLD)/@QTY_OLD>=0.5
begin
INSERT INTO SPJ_INC
VALUES(@sno, @pno, @jno, @QTY_OLD, @QTY_NEW);
END
EnD
EnD
GO
```

执行以下语句检验触发器的有效性:

```
UPDATE SPJ
```

```
SET QTY=QTY+300
WHERE SNO='S001' AND PNO='P001' AND JNO='J001';
SELECT *
FROM SPJ_INC;
```

注意事项：

一个表可以有多个触发器，但一个触发器只能对应一个表，但可以引用数据库以外的对象。

同一个数据表中，对每个操作而言，可以建立多个 after 触发器，但 instead of 触发器只能创建一个。

对某个操作，既建了 after 触发器，又设置了 instead of 触发器，instead of 触发器一定会激活，after 触发器不一定会被激活。

5. 激活触发器

触发器的执行，是由触发事件激活的，并由数据库服务器自动执行。一个数据表上可能定义了多个触发器，同一个表上的多个触发器激活时遵循如下执行顺序：

(1) 执行该表上的 BEFORE 触发器（有的 DBMS 支持 BEFORE 类型触发器）。

(2) 执行触发器的 SQL 语句。

(3) 执行该表上的 AFTER 触发器。

6. 删除触发器

删除触发器的 SQL 语法：

```
DROP TRIGGER <triggerName>;
```

<triggerName>必须是一个已经创建的触发器，并且只能由具有相应权限的用户删除。

【例 3-143】 删除供应商表 S 上的触发器 tri_insert_S。

```
DROP TRIGGER tri_insert_S;
```

【例 3-144】 触发器综合举例：用银行转账作为例子。银行账户 BANK 包括卡号 cardId，户名 customerName，当前余额 currentMoney，其中，当前余额是随收入和支出操作动态变化的，支出金额不能大于当前余额，如果出现支出金额大于当前余额的操作，应该拒绝该操作。转账信息记录在 transInfo 中，cardId 是转账卡号，transType 是转账类型，transMoney 是转账金额。对转账操作的约束可以用触发器实现。

```
--创建一张银行账户表
create table bank                                      --创建银行账户表
(
cardId char(8) primary key,                            --卡号
customerName CHAR(10),                                 --顾客姓名
currentMoney MONEY default(0) check(currentMoney>0)    --当前余额
```

```
)
Go
--创建一张转账记录表
create table transInfo                              --转账记录表
(
cardId char(8) references bank(cardId),
transType varchar(10) not null,                     --转账类型
transMoney MONEY not null                           --转账金额
)
go
--插入两条记录到银行账户表
INSERT INTO bank(cardId,customerName,currentMoney)
VALUES('10010001','张三',1000);
INSERT INTO bank(cardId,customerName,currentMoney)
VALUES('10010002','李四',1);
Go
--创建转账触发器
create trigger tri_Trans
on transInfo
for insert
as
begin
    declare @TRANSmoney money;
    declare @cardId char(8);
    select @cardId=cardId,@TRANSmoney=case transType when '支出'
    then -transMoney else transMoney end
    from inserted;
    update bank
    set currentMoney=currentMoney+@TRANSmoney
    where cardId=@cardId;
    if(@@error>0)
    begin
        raiserror('转账交易失败',5,1);
        rollback
    end
    else
    begin
        print('转账交易成功');
        commit
    End
end
Go
```

表和触发器定义成功之后,可以执行如下语句,向转账记录表 transInfo 中插入转账

记录,有"收入",有"支出",查看语句执行状态提示以及银行账户表 BANK 中的结果,会发现触发器已经被触发。

```
inSert into transInfo values('10010001','收入',1000);
Go
inSert into transInfo values('10010002','支出',500);
go
inSert into transInfo values('10010002','收入',500);
GO
```

3.10　数据库恢复技术

3.10.1　数据库恢复技术简介

数据库恢复操作的基本原理是数据冗余,即利用存储在系统其他地方的冗余数据来重建数据库中已被破坏或不正确的那部分数据。

数据库恢复机制涉及的关键问题是如何建立冗余数据以及如何利用这些冗余数据实施数据库恢复。建立冗余数据通常有如下两种方法。

1) 数据转储(backup)

数据转储又叫数据备份。将数据库内容复制到另外的存储介质上保存(称为后援副本),以便当数据库遭到破坏时能够利用后援副本将数据库恢复到转储时的一致性状态。

根据进行转储的数据库内容,可以分海量转储和增量转储两种方式。海量转储也叫完全备份,转储数据库的全部数据;增量转储也叫增量备份(差异备份),只转储自上次备份之后数据库中发生变化的数据。

根据进行转储时是否允许用户访问数据库,分为静态转储(转储时不允许用户访问数据库)与动态转储(转储时允许用户访问数据库)两种。

结合起来有四种数据转储方式:静态海量转储、静态增量转储、动态海量转储和动态增量转储。

SQL Server 支持动态备份,既可以进行动态完全备份,也可以进行动态差异备份。

2) 登录日志文件(logging)

数据库管理系统自动将用户对数据库所做的所有更新操作登记到数据库日志文件中。日志文件记录包括用户更新操作的所有信息,如事务标识、操作类型、操作对象,更新前的旧值(对于插入操作,旧值为空)、更新后的新值(对于删除操作,新值为空),这样,当数据库遭到破坏时,可以利用后援副本将数据库恢复到转储时的一致性状态,之后 DBMS 会自动利用日志文件,重做(redo)或撤销(undo)其中转储时间点之后的事务,将数据库恢复到故障发生时的正确状态。

3.10.2 数据备份

实际应用中,数据库管理员可以手工操作进行数据库备份,也可以根据情况制订合理的维护计划,让数据库管理系统自动进行有规律的数据库备份工作。进行数据库备份的目标是既保证数据库在遭到故障破坏时可以恢复,又要尽可能提高转储效率和节省存储空间,还要尽量保证数据库的连续可用性。

一般对于访问频繁的数据库,可以隔一段时间做一次完全备份,两次完全备份之间再定期做增量备份,遇到故障破坏数据库时,先利用最近的完全备份进行恢复,再利用之后的增量备份进行恢复,安全高效地将数据库恢复到最后一次备份时的一致性状态,之后再利用事务日志文件,将数据库恢复到故障发生时的正确状态。

本节以 SQL Server 为例,介绍数据库备份与恢复的具体方法。

SQL Server 既可以让数据库管理员手动进行数据库备份,也支持 DBA 制订完整的维护计划,定期进行数据的完全或差异备份,例如一周一次、一天一次或两天一次。一般对于访问量大、数据更新频率非常高的数据库,更频繁地进行事务日志备份,如一小时一次或两小时一次,具体的时间周期和间隔由实际应用领域的应用类型、数据访问和数据更新频率决定。

数据库恢复的策略是首先使用完全备份,将数据库恢复,然后使用之后的差异备份和事务日志备份进行恢复。

1. 数据库备份

常见的数据库备份有两种方法:一种是利用 Management Studio 进行数据库备份;一种是利用 SQL 语句进行备份。下面分别用这两种方法对供应管理数据库 SPJ 进行备份操作。

第一种方法:利用 Management Studio 进行数据库备份。

在备份数据库之前,首先应该新建备份设备用来存储备份数据库的内容。

(1) 新建备份设备。

打开 Management Studio,在对象资源管理器中右击"服务器对象",依次单击"备份设备"→"新建备份设备",在打开的"备份设备"窗口中,输入备份设备逻辑名称 SPJ_BAK,"文件"路径输入"D:\DATA\SPJ_BAK"(路径根据实际备份设备情况输入,可以是远程设备),如图 3-15 所示,单击"确定"按钮即可。

在左侧的对象资源管理器中可以看到新建的备份文件 SPJ_bak。

(2) 备份数据库。

右击要备份的数据库对象"SPJ",在弹出的快捷菜单上选择"全部任务"中的"备份"项。打开"备份数据库"对话框(也可以右击"备份设备",在快捷菜单中选择"备份数据库",打开"备份数据库"对话框,在"数据库"下拉列表中选择备份对象数据库 SPJ)。

在"常规"选项卡中:显示要备份的数据库——SPJ 数据库(可以重新选择);输入一个便于识别的备份集名称"SPJ-完整 数据库 备份",如图 3-16 所示;选择完全备份、差异备份、事务日志、文件或文件组之一;确定备份的时间周期、备份时间,删除系统默认的文件存放位置,添加自定义备份设备作为文件的存放位置(单击右边的"添加"按钮,就会出现选择备份设备对话框)。

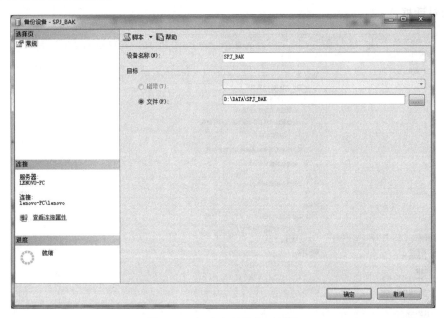

图 3-15　新建备份设备对话框

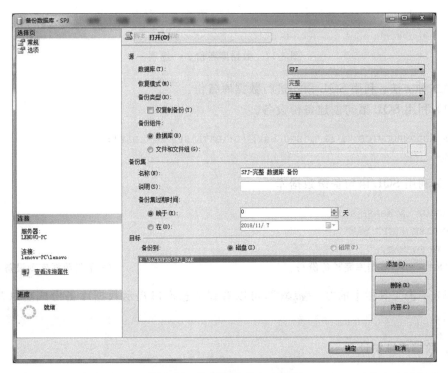

图 3-16　数据库备份——常规

设置"选项"页面内容,如图 3-17 所示。

在"覆盖介质"中选择"备份到新介质集并清除所有现有备份集",在"可靠性"中选中"完成后验证备份(V)"复选框,其他选项默认,单击"确定"按钮即可看到备份数据库成功并提示对话框。

图 3-17　数据库备份——选项

第二种方法：利用 SQL 语句进行数据库备份。

(1) 利用 SQL 语句创建备份设备。

```
SP_ADDUMPDEVICE 'disk','SPJ_bak, 'D:\DATA\SPJ_bak.BAK';
GO
```

(2) 利用 SQL 语句备份数据库。

```
BACKUP DATABASE SPJ
TO DISK ='SPJ_bak'
WITH FORMAT,
NAME ='SPJ 数据库完整备份';                           /* 备份数据库到设备 */
```

(3) 单击工具栏上的"！执行(X)",可以看到消息窗口提示数据库备份成功以及花费的时间。

2. 数据库维护计划

数据库维护计划主要是实现数据库的自动备份功能,以减少数据库管理员的日常工作量。数据库维护计划主要设置数据库备份介质、备份类型、备份的周期和频率等与数据库备份有关的参数,可以跟着"维护计划向导"一步一步进行设置。

"维护计划向导"可以按如下方法启动:

(1) 启动"SQL Server Management Studio"连接数据库服务器。

(2) 在"对象资源管理器"中,单击"管理"前面的"＋"节点将其展开,找到"维护计划",右击"维护计划",在快捷菜单中选择"维护计划向导",就打开了"维护计划向导"对话框。

具体的操作过程跟着向导一步一步进行,设置计划名称、设置备份类型、周期、频率、备份时间等,再对数据库和事务日志分别进行备份位置的设置,然后确定报告发送方式,就完成了数据库维护计划。在数据库系统运行过程中,就会按照维护计划规定的时间间隔自动对数据库进行备份。

3.10.3　恢复策略

1. SQL Server 的数据库恢复策略

(1) 用最近一次完全备份恢复数据库。

(2) 用最近一次完全备份之后创建的所有事务日志备份,按顺序恢复完全备份之后发生在数据库上的所有操作。

(3) 同时使用三种备份的策略:在同时使用数据库完全备份和事务日志备份的基础上,再以增量备份作为补充。

2. SQL Server 的数据恢复方法

SQL Server 中恢复数据库功能被称为"还原数据库"。既可以利用 SQL 语句恢复数据库,也可以利用 Management Studio 进行数据库还原操作。

第一种方法:利用 Management Studio 进行数据库还原操作。

(1) 右击"数据库"对象,在弹出的快捷菜单中选择"还原数据库"项(也可以右击要进行数据恢复的数据库,在弹出菜单中选择"全部任务"中的"还原数据库"项),如图 3-18 所示,打开"还原数据库"对话窗口。

(2) 在打开的"还原数据库"窗口中的"常规"页:在"目标数据库"栏选择 SPJ 数据库,在"目标时间点"中可以选择"最近状态"或者指定日期,在"源数据库"选择 SPJ,在下方的"选择用于还原的备份集"中会出现可用的备份信息(如选择"源设备",则打开备份设备选择窗口,在其中选择已经创建的备份设备),如图 3-19 所示;在"选项"页的"还原选项"中选择"覆盖现有数据库(WITH REPLACE)",单击"确定"按钮后,即可看到系统成功还原数据库。

第二种方法:利用 SQL 语句进行数据库恢复。

```
USE MASTER;                              /＊在系统数据库 MASTER 中执行语句＊/
GO
```

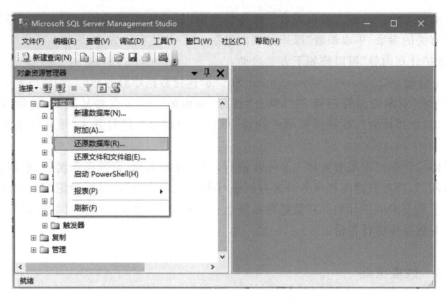

图 3-18　选择"还原数据库"

图 3-19　"还原数据库"窗口

```
RESTORE DATABASE SPJ
FROM DISK ='SPJ_bak';                                    /*从备份设备还原数据库*/
GO
```

数据库恢复技术的基本原理是数据冗余。制作冗余是需要系统花费时间和空间作为代价的。实际应用系统的数据量十分巨大,所以一定要制订科学的数据库备份与恢复计划,做到既保证数据库系统持续可靠,又保证多用户快速访问和存储空间的高效利用。

以下思考题可以帮助读者充分分析各种备份机制的时间和空间开销。

思考题:为在某种程度上保证某数据库系统的可靠运行,在 SQL Server 2008 环境中,对数据库制订如下三种备份策略。假设对此数据库进行一次完全备份需要 4 小时,差异备份需要 2 小时,日志备份需要 1 小时。设所有备份都是从凌晨 1:00 点开始。

策略 1:每周日进行一次完全备份,每周一至周六每天进行一次日志备份。

策略 2:每周日进行一次完全备份,每周一至周六每天进行一次差异备份。

策略 3:每天进行一次完全备份。

假设需要保留一年的备份数据,比较三种备份策略所占用的空间。分析比较每种备份策略的备份和恢复速度。

3.11 Transact-SQL 附加的语言元素

本节简要介绍 SQL Server 关系数据库管理系统的 Transact-SQL 的一些基本元素,供使用 SQL Server 系统进行实验时或进一步深入应用时参考。

3.11.1 Transact-SQL 的语法元素

SQL Server 数据库管理系统中,每一条 Transact-SQL 语句都包含一系列语法元素,这些元素可以是标识符、数据类型、函数、表达式、运算符、注释、保留关键字等。

1. 标识符

标识符用来定义诸如表、视图、列、数据库和服务器等对象的名称。对象标识符是在定义对象时由用户创建的,标识符随后用于引用该对象。SQL Server 的标识符有两类:常规标识符和分隔标识符。

常规标识符符合一般标识符的格式规则。在 Transact-SQL 语句中使用常规标识符时不用将其分隔。例如,

```
SELECT * FROM TableX WHERE ID=89
```

在上面的语句中,标识符 TableX 和 ID 都是常规标识符。

分隔标识符包含在双引号(" ")或者方括号([ ])内。符合标识符格式规则的标识符可以分隔,也可以不分隔。例如,上面的例子也可以写成

```
SELECT * FROM [TableX] WHERE [ID ]=89
```

其中,[TableX]和[ID]都是分隔标识符。

在 Transact-SOL 语句中,对不符合所有标识符规则的标识符必须进行分隔。例如,

```
SELECT   *   FROM   [My Table]   WHERE   [order]=10
```

[My Table]必须使用分隔标识符,因为 My 和 Table 之间有一个空格,如果不进行分隔,SQL Server 会把它们看成两个标识符,从而出现错误。[order]也必须使用分隔标识符,因为 order 是 SQL Server 的保留字,用于 order by 子句。

一般不建议使用分隔标识符给用户对象命名。

2. 数据类型

定义数据对象(如列、变量和参数)所包含的数据类型,SQL Server 具有丰富的数据类型,如 CHAR、nCHAR、VARCHAR、INT、SMALLINT、TINYINT、REAL、DATETIME、decimal、MONEY 等。大多数 Transact-SQL 语句并不显式引用数据类型,但是其结果可能会由于语句中所引用的对象数据类型间的互相作用而受到影响。

3. 函数

与其他程序设计语言中的函数相似,SQL Server 函数可以有零个、一个或多个参数,并返回一个标量值或表格形式的值的集合。

4. 表达式

表达式是 SQL Server 可解析为单个值的语法单元。例如,常量、返回单值的函数、列名或变量的引用,Transact-SQL 表达式使用算术运算符、关系运算符或逻辑运算符进行运算。

5. 运算符

运算符是表达式的组成部分之一,它与一个或多个简单表达式一起使用,构造一个更为复杂的表达式。例如,将"一"(负号)运算符和常量 12 组合在一起得到常量−12。运算符有算术运算符、关系运算符、逻辑运算符等类型。

6. 注释

优秀的程序设计人员,不仅代码写得好,而且会在代码中适当地插入注释,以方便程序的调试、维护工作。注释仅供用户阅读程序使用,SQL Server 不执行注释中的内容。

SQL Server 支持两种类型的注释字符:--(双连字符)和/ * … * /(正斜杠-星号对)。

--:可与要注释的代码处在同一行,也可另起一行。从双连字符开始到行尾均为注释。对于多行注释,必须在每个注释行的开始都使用双连字符。例如:

```
--Choose the SPJ database
USE SPJ
```

/ * … * /:可与要注释的代码处在同一行,也可另起一行,甚至在可执行代码内。从开始注释对(/ *)到结束注释对(* /)之间的全部内容均视为注释部分。对于多行注释,必须使用开始注释字符对(/ *)开始注释,使用结束注释字符对(* /)结束注释。注释行上不应出现其他注释字符。

7. 保留关键字

保留关键字是数据库管理系统保留下来专门由 SQL Server 使用的词,如 SELECT、CREATE、DELETE 等命令动词以及 WHERE、GROUP、ORDER 等语句成分。建议用户给数据库中的对象命名时不要使用这些字词。如果确实需要使用保留关键字作为标识符,则必须使用分隔标识符(用"[ ]"进行分隔),例如,如果需要给订单表命名为 ORDER,则应该使用"[ORDER]"。

3.11.2　常量和变量

1. 常量

常量是指在程序运行过程中值始终不改变的量,是一个固定的数据值。常量由常量名和常量值组成,常量值是固定不变的值。

Transact-SQL 的常量包含以下几种类型。

(1) 字符串常量。

字符串常量包含在单引号内,由字母数字字符(a~z, A~Z 和 0~9)以及特殊字符(如!、@、&、* 和#等)组成,汉字也是字符。例如:

`'Process X is 50%complete.'`

如果单引号中的字符串包含一个嵌入的引号,可以使用两个单引号表示嵌入的单引号。对于嵌入在双引号中的字符串则没有必要这样做。例如,字符串"I'm　John."可以表示为:

`'I''m　John.'`

空字符串用中间没有任何字符的两个单引号''表示。

(2) Unicode 字符串常量。

Unicode 字符串的格式与普通字符串相似,但它前面有一个 N 标识符(N 代表 SQL-92 标准中的国际语言(National Language)。N 前缀必须是大写字母。例如,'Michel'是字符串常量而 N'Michel'则是 Unicode 常量。

Unicode 常量被解释为 Unicode 数据,并且不使用代码进行计算。Unicode 数据中的每个字符都使用两个字节进行存储,而字符数据中的每个字符则都使用一个字节进行存储。

(3) 二进制常量。

二进制常量具有前辍 0x,并且是十六进制数字字符串,这些常量不使用引号。例如:

`0xAE　0x12Ef　　0x69048AEFDD010E　　0x(空二进制常量)`

(4) bit 常量。

bit 常量使用数字 0 或 1 表示,并且不使用引号。如果使用一个大于 1 的数字,它将被转换为 1。

(5) datetime 常量。

datetime 常量使用特定格式的字符日期时间值表示，并被单引号括起来。

例如以下都是 datetime 类型常量：

```
'April 15,1998'    '15 April,1998'    '980415'
'04/15/98'         '14:30:24'         '04:24 PM'
```

(6) 整型 integer 常量。

整型 integer 常量必须是整数，不能包含小数点。整型 integer 常量取值范围跟计算机的字长有关。

例如：

```
1894           2
```

(7) 数值型 decimal 常量。

数值型 decimal 常量由没有用引号括起来并且包含小数点的一串数字表示。

例如：

```
1894.1204    2.0
```

(8) 浮点数 float 和实数 real 常量。

浮点数 float 和实数 real 常量使用科学记数法表示。

例如：

```
101.5E5    101.5E-5    0.5E2    0.5E-2
```

(9) 货币 money 常量。

货币 money 常量表示以可选货币符号作为前缀的一串数字。money 常量可以包含小数点，但是不能使用引号。

例如：

```
$12      ¥542023.14    £874
```

(10) uniqueidentifier 常量。

uniqueidentifier 常量是表示全局唯一标识符（GUID）值的字符串。可以使用字符或二进制字符串格式指定。

例如：

```
'6F9619FF-8B86-D011-B42D-00C04FC964FF'      0xff19966f868b11d00c04fc964ff
```

2. 变量

变量是指在程序运行过程中，其值可以改变的量，可以利用变量存储程序执行过程中涉及的数据。

变量由变量名和变量值组成，变量的数据类型与常量相同，但变量名不允许与函数名或命令名相同。一般有两种变量类型,即系统变量和自定义变量。

(1) 系统变量。

SQL SERVER 数据库管理系统已经定义的、用户可以直接使用的变量称为系统变量,一般以@@开头。

例如,查看当前使用 SQL Server 版本信息:

```
SELECT @@VERSION  AS  '当前 SQL SERVER 版本';
```

例如,查看当前服务器名称:

```
SELECT @@SERVERNAME AS '当前 SQL SERVER 服务器名称';
```

常用系统变量见表 3-13。

表 3-13 常用系统变量

编号	系统变量名	作　用
1	@@CONNECTION	无论连接是成功还是失败,都会返回 SQ LSERVER 自上次启动以来尝试的连接数
2	@@CPU_BUSY	返回 SQL SERVER 自上次启动后的工作时间,以 CPU 时间增量或"滴答数"表示,其值为所有 CPU 时间的累积,乘以@@TIMETICKS 即可转换为 μs
3	@@CURSOR_ROWS	返回连接上打开的上一个游标中的当前设定行的数目
4	@@DATEFIRST	针对会话返回 SETDATEFIRST 的当前值
5	@@DBTS	返回当前数据库的当前 timestamp 数据类型的值
6	@@ERROR	返回执行的上一个 t_sql 语句的错误号
7	@@FETCH_STATUS	返回针对连接当前打开的任何游标,发出的上一条游标 FETCH 语句的状态
8	@@IDENTITY	返回插入到表的 IDENTITY 列的最后一个值
9	@@IDLE	返回 SQL SERVER 自上次启动后的空闲时间
10	@@IO_BUSY	返回 SQL SERVER 最近一次启动以来,已经由于执行输入和输出操作的时间
11	@@LANGID	返回当前使用的语言的本地语言 ID
12	@@LANGUAGE	返回当前语言所用的名称
13	@@LOCK_TIMEOUT	返回当前会话的当前锁定超时设置(ms)
14	@@MAX_CONNECTIONS	返回 SQL SERVER 实例允许同时进行的最大用户连接数,返回的数值不一定是当前配置的数值
15	@@MAX_PRECISION	按照服务器中的当前设置,返回 decimal 和 numeric 数据类型所用的精度级别,默认最大精度返回 38
16	@@NESTLEVEL	返回对本地服务器上执行的当前存储过程的嵌套级别(初始值为 0)
17	@@OPTIONS	返回有关当前 SET 选项的信息

编号	系统变量名	作　用
18	@@PAK_RECEIVED	返回 SQL SERVER 自上次启动后从网络读取的输入数据包数
19	@@PACK_SENT	返回 SQL SERVER 自上次启动后写入网络的输出数据包数
20	@@PACKET_ERRORS	返回自上次启动 SQL Server 后，在 SQL Server 连接上发生的网络数据包错误数
21	@@ROWCOUNT	返回上一次语句影响的行数
22	@@PROCID	返回 t_sql 当前模块的对象标识符(ID)，模块可以是存储过程、用户定义函数或触发器，不能在 CLR 模块或者进程内数据访问接口中指定@@PROCID
23	@@SERVERNAME	返回运行 SQL SERVER 的本地服务器的名称
24	@@SERVICENAME	返回 SQL SERVER 正在其下运行的注册表项名称。若当前实例为默认实例，则返回 MSSQLSERVER，若当前实例为命名实例，则返回实例名
25	@@SPID	返回当前用户进程的会话 ID
26	@@TEXTSIZE	返回 set 语句的 textsize 选项的当前值，它指定 select 语句返回的 text 或 image 数据类型的最大长度，单位为字节
27	@@TIMETICKS	返回每个始终周期的微秒数
28	@@TOTAL_ERRORS	返回自上次启动 SQL SERVER 之后，SQL SERVER 所遇到的磁盘写入错误数
29	@@TOTAL_READ	返回 SQL SERVER 自上次启动之后，由其读取(非缓存读取)的磁盘的数目
30	@@TOTAL_WRITE	返回自上次启动 SQL SERVER 以来，由其所执行的磁盘写入数
31	@@TRANCOUNT	返回当前连接的活动事务数
32	@@VERSION	返回当前安装的日期、版本和处理器类型

（2）自定义变量。

需要用户自己声明后才能使用的变量称为自定义变量，一般以@开头。3.7.5 小节定义存储过程的例子和 3.9.5 小节中定义触发器的例子中已经多次使用了自定义变量。

例如，自定义一个变量@SNO，赋值并显示出来。

```
DECLARE @SNO char(4);
SET @SNO='S002';
SELECT @SNO;
```

如果想使用这个变量，可以在 SELECT 语句中作为参数：

```
DECLARE @SNO char(4);
SET @SNO='S002';
SELECT *
FROM S
```

```
WHERE SNO= @SNO;
```

3.11.3　表达式

在 Transact-SQL 中,表达式是由变量、常量、运算符、函数等组成的。前面例题中出现的查询数据的条件表达式或者指定某些数据的值都是表达式的实例,在此不再赘述。

3.11.4　流程控制语句

在 Transact-SQL 中,流程控制语句就是用来控制程序执行流程的语句。

1. BEGIN　END 语句块

BEGIN　END 一般用来定义 Transact-SQL 语句块,这些语句块作为一组语句执行,并且允许语句块嵌套,语法格式如下:

```
BEGIN
{
  <sql_statement>|<statment_block>
}
END
```

例如,查询"北京"供应商的供货情况,并把该查询作为语句块处理。

```
BEGIN
    SELECT SNAME, PNO, JNO, QTY
    FROM S, SPJ
    WHERE S.SNO=SPJ.SNO AND S.CITY='北京';
END
```

2. IF 条件语句

IF 条件语句用于指定 Transact-SQL 的执行条件。如果条件为真,则执行条件表达式后面的语句;当条件为假时,可使用 ELSE 关键字指定要执行的语句。语法格式如下:

```
IF <Boolean_expression>
    {<sql_statement1>|<statement_block1>}
ELSE
    {<sql_statement2>|<statement_block2>}
```

其中,<Boolean_expression>是指返回逻辑 True 或 False 值的布尔表达式。当布尔表达式<Boolean_expression>返回逻辑值 True,则执行<sql_statement1>|<statement_block1>,返回逻辑值 False,则执行<sql_statement2>|<statement_block2>。

例如,查询零件表 P 中重量为 30 的零件是否为红色,如果是红色则显示"该零件是红色",如果不是则显示"该零件不是红色"。

```
IF  '红'=(SELECT COLOR FROM P WHERE WT=30)
    PRINT '该零件是红色'
ELSE
    PRINT '该零件不是红色';
```

3. CASE 分支语句

CASE 关键字可以根据其后<表达式>的值来确定语句返回值。语法格式如下:

```
CASE <表达式>
WHEN <expression1>THEN <result_expression1>
[,...,n]
[ELSE <result_expression>]
END
```

<表达式>的值为<xpression1>,则返回 <result_expression1>,<表达式>的值为<expression2>,则返回 <result_expression2>,依此类推,<表达式>的值为其他时,返回 <result_expression>。

例如,下面语句实现将零件的颜色用词语完整表示:

```
SELECT PNAME,COLOR=
CASE COLOR
    WHEN '红' THEN '红色零件'
    WHEN '蓝' THEN '蓝色零件'
    WHEN '绿' THEN '绿色零件'
    ELSE '其他颜色零件'
END
FROM P;
```

4. WHILE 循环语句

WHILE 循环语句用来重复执行 Transact-SQL 语句或语句块。在 WHILE 之后设置重复执行 Transact-SQL 语句或语句块的条件。当设定的条件为真时,重复执行循环体语句。可以在循环体内设置 BREAK 和 CONTINUE 关键字,以便控制循环语句的执行过程。语法格式如下:

```
WHILE <Boolean_expression>
{<sql_statement1>|<statement_block1>}
[BREAK]
{<sql_statement2>|<statement_block2>}
[CONTINUE]
{<sql_statement3>|<statement_block3>}
```

说明：

- ＜Boolean_expression＞为重复执行 Transact-SQL 语句或语句块的条件表达式。
- ［BREAK］：跳出循环体语句块。
- ［CONTINUE］：跳出本次循环体执行，进入下一次循环。

例如，下面程序段利用 WHILE 循环求 1～100 的和。

```
DECLARE @Sum int
SET @Sum=0
DECLARE @N int
SET @N=1
WHILE @N<=100
BEGIN
SET @Sum=@Sum+@N
SET @N=@N+1
END
SELECT @Sum
```

3.11.5 函数

函数对于任何程序设计语言都是非常关键的组成部分。Transact-SQL 为程序员提供了非常丰富的函数，足以满足数据库系统日常工作的需要。

由于篇幅所限，本节只对一些常用的函数进行简要介绍，函数应用的具体细节请参见 SQL Server 2008 联机文档或其他相关资料。

Transact-SQL 的常用函数可以分为以下几类。

1. 聚合函数

聚合函数对一组值执行计算并返回单一的值。聚合函数经常与 SELECT 语句的 GROUP BY 子句一同使用。常用聚合函数及其功能见表 3-14。

表 3-14 常用聚合函数

函　数	功　能
AVG	返回组中值的平均值
CHECKSUM	返回在表的行上或在表达式列表上计算的校验值。CHECKSUM 用于生成哈希索引
COUNT	返回组中项目的数量
COUNT_BIG	返回组中项目的数量。COUNT_BIG 的使用与 COUNT 函数相似。它们之间的唯一差别是它们的返回值：COUNT_BIG 总是返回 bigint 数据类型值，而 COUNT 则总是返回 int 数据类型值
MAX	返回表达式的最大值
MIN	返回表达式的最小值

函　　数	功　　能
SUM	返回表达式中所有值的和,或只返回 DISTINCT 值。SUM 只能用于数字列
STDEV	返回给定表达式中所有值的统计标准偏差
VAR	返回给定表达式中所有值的统计方差

2. 日期和时间函数

日期和时间函数对作为参数的日期和时间输入值执行操作,并根据情形返回一个字符串、数字值或日期和时间值。常用日期和时间函数及其功能见表 3-15。

表 3-15　常用日期和时间函数

函　　数	功　　能
DATEADD	在向给定日期加上一段时间的基础上,返回新的 datetime 值
DATEDIFF	返回跨两个给定日期之间的时间
DATENAME	返回代表给定日期的某个部分的名称
DATEPART	返回代表给定日期的某个部分(年、月、日)的整数
GETDATE	按 datetime 值的 SQL Server 标准内部格式返回当前系统日期和时间
GETUTCDATE	返回表示当前 UTC 时间(世界时间坐标或格林尼治标准时间)的 datetime 值。当前的 UTC 时间得自当前的本地时间和运行 SQLServer 的计算机操作系统中的时区设置
DAY	返回代表给定日期的天的部分的整数
MONTH	返回代表给定日期的月份的整数
YEAR	返回表示给定日期的年份的整数

3. 数学函数

数学函数通常对作为参数提供的输入值执行数学运算,并返回一个数值。常用数学函数及其功能见表 3-16。

表 3-16　常用数学函数

函　　数	功　　能
ABS	返回给定数字表达式的绝对值
ACOS	返回以弧度表示的角度值,该角度值的余弦为给定的 float 表达式,本函数亦称反余弦
ASIN	返回以弧度表示的角度值,该角度值的正弦为给定的 float 表达式,亦称反正弦
ATAN	返回以弧度表示的角度值,该角度值的正切为给定的 float 表达式,亦称反正切

函　　数	功　　能
CEILING	返回大于或等于所给数字表达式的最小整数
COS	返回给定表达式中给定角度(以弧度为单位)的三角函数余弦值
COT	返回给定 float 表达式中指定角度(以弧度为单位)的三角函数余切值
DEGREES	当给出以弧度为单位的角度时,返回相应的以度数为单位的角度
EXP	返回所给的 float 表达式的指数值
FLOOR	返回小于或等于所给数字表达式的最大整数
LOG	返回给定 float 表达式的自然对数
LOG10	返回给定 float 表达式的以 10 为底的对数
MOD	求除法余数
PI	返回 π 的常量值
POWER	返回给定表达式乘指定次方的值
RADIANS	对于在数字表达式中输入的度数值返回弧度值
RAND	返回 0~1 的随机 float 值
ROUND	返回数字表达式并四舍五入为指定的长度或精度
SIGN	返回给定表达式的正(+1)、零(0)或负(-1)号
SIN	以近似数字(float)表达式返回给定角度(以弧度为单位)的三角正弦值
SQUARE	返回给定表达式的平方
SQRT	返回给定表达式的平方根
TAN	返回输入表达式的正切值

4. 字符串函数

字符串函数对字符串输入值和其他参数执行相应的字符串操作,返回字符串或数值。常用字符串函数及其功能见表 3-17。

表 3-17　常用字符串函数

函　　数	功　　能
ASCII	返回字符表达式最左端字符的 ASCII 代码值
CHAR	返回相同 ASCII 代码值的字符
CHARINDEX	返回字符串中指定表达式的起始位置
DATALENGTH	返回字符串包含字符数,但不包含后面的空格
LEFT	返回从字符串左边开始指定个数的字符

函　　数	功　　能
LEN	返回给定字符串表达式的字符(而不是字节)个数,其中不包含尾随空格
LOWER	将大写字符数据转换为小写字符数据后返回字符表达式
LTRIM	删除起始空格后返回字符表达式
NCHAR	根据 Unicode 标准所进行的定义,用给定整数代码返回 Unicode 字符
PATINDEX	返回指定表达式中某模式第一次出现的起始位置;如果在全部有效的文本和字符数据类型中没有找到该模式,则返回零
REPLACE	用第三个表达式替换第一个字符串表达式中出现的所有第二个给定字符串表达式
REPLICATE	以指定的次数重复字符表达式
REVERSE	返回字符表达式的反转
RIGHT	返回字符串中从右边开始指定个数的 integer_expression 个字符
RTRIM	返回截断参数字符串所有尾部空格后得到的一个字符串
SPACE	返回由重复的空格组成的字符串
STR	返回由数字数据转换来的字符数据
STUFF	将字符串 1 中的从 start 开始的 length 个字符用字符串 2 代替
SUBSTRING	返回字符、binary、text 或 image 表达式的一部分(子串)
UNICODE	按照 Unicode 标准的定义,返回输入表达式的第一个字符的整数值
UPPER	返回将小写字符数据转换为大写的字符表达式

5. 转换函数

转换函数用来将一种类型的表达式值转换为另一种类型的表达式,给定的表达式必须与转换目标表达式形式兼容。常用的转换函数及其功能见表 3-18。

表 3-18　转换函数

函　　数	功　　能
CAST	将一种数据类型的表达式显式转换为另一种数据类型的表达式,格式为 CAST (expression AS data_type)
CONVERT	将一种数据类型的表达式显式转换为另一种数据类型的表达式;格式为 CONVERT (data_type[(length)], expression [, style])

6. 其他系统函数

常用的系统函数及其功能见表 3-19。

表 3-19 其他系统函数

函　　数	功　　能
COL_LENGTH	返回列长度
COL_NAME	返回列名
DB_NAME	返回数据库名
GETDATE	返回系统日期
ISDATE	确定输入表达式是否为有效日期或可转成有效的日期
ISUMERIC	判断表达式是否为数值类型或者是否可以转换成数值
NEWID	返回一个 GUID(全局唯一表示符)值
SHOW_ROLE	返回对当前用户起作用的规则
SUSER_NAME	返回用户的系统登录名
USER_NAME	返回用户在数据库中的名字

第4章 实验内容及实验指导

本章以 SQL Server 2008 为实验环境,提供几个数据库实验案例,通过多个实验的充分练习,使读者能够熟悉数据库管理系统的数据定义、数据查询、数据更新、数据控制等一系列数据管理功能,更深入理解和掌握数据库系统的基本原理和数据库管理系统的相关知识。为了阅读和实验操作方便,设计案例数据库时只保留关键的核心信息,案例数据也采用简化的模拟数据。

本章的每个实验都由实验目的、实验指导和实验要求三个部分组成。实验目的部分说明本次实验的学习目的;实验指导部分根据数据库案例给出一些常见的数据库操作要求及参考解答,供学生实验前进一步学习参考;实验要求部分给出若干个对给定数据库的操作要求题目,指导教师可以根据学生实际情况选择部分题目要求学生在实验课上完成,其余部分可供学生课后进一步练习,以达到熟练操作数据库的目的。

4.0 数据库实验案例

1. 网上书店数据库

随着电子商务的发展,越来越多的用户选择在网上购买各种商品,特别是图书资料,网上书店系统应运而生。网上书店的运营模式一般是:普通用户进入网上书店,可以浏览各种图书信息,或者根据自己感兴趣的类别、特定图书信息等来查询有关图书信息。当选定图书需要购买时,一般需要通过注册个人信息成为会员,会员可以一次购买一种或多种图书,每种图书的数量也可以不同,有些图书会员可以享受一定的折扣价格。会员对购物车中图书进行确认付款以后,生成正式订单,由网上书店进行发货处理。

网上书店数据库管理的实体有会员、订单和图书,一个会员可以多次购买,生成多个订单,每个订单只属于一个会员,会员和订单之间是一对多的联系;每个订单可以包括多种图书,每种图书也可以出现在多个订单上,订单与图书之间是多对多的联系,其概念模型(E-R 图)见图 4-1。

对概念模型进行转换,得到网上书店数据库的逻辑模型,即各个关系的关系模式:

会员(会员号,密码,姓名,性别,年龄,手机号码,地址,邮箱)为会员实体对应的关系模式,其中,会员号是会员关系的主键。

图书(书号,书名,作者,出版社,定价,折扣,现价,图书类别,库存数量)为图书实体对应的关系模式,其中,书号是图书关系的主键。

订单(订单号,会员号,订购日期,发货日期,订购总价),其中,订单号是订单关系的主

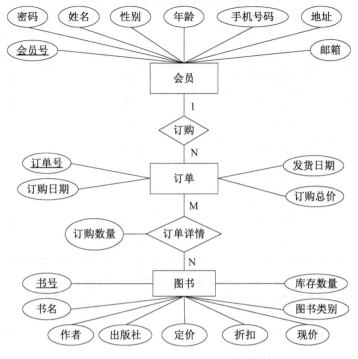

图 4-1　网上书店概念模型

键,会员号是订单的外键,参照会员关系的主键。

　　订单详情(订单号,书号,订购数量)为订单和图书之间的多对多联系的关系模式,其中,(订单号,书号)的组合作为主键。订单表的主键订单号和图书表的主键书号是订单详情关系的外键,分别参照订单表和图书表的主键。

　　各个关系模式的属性定义信息见表 4-1~表 4-4。

表 4-1　会员表 MEMBER 的属性信息

属 性 名 称	数 据 类 型	含　义	是否为空/约束条件
MID	CHAR(4)	会员号	主键
PASSWD	CHAR(6)	密码	否
NAME	CHAR(8)	姓名	否
SEX	CHAR(2)	性别	是
AGE	SMALLINT	年龄	是
PHONE	CHAR(11)	手机号码	否
ADDR	VARCHAR(20)	地址	否
EMAIL	VARCHAR(20)	邮箱	是

表 4-2 图书表 BOOK 的属性信息

属 性 名 称	数 据 类 型	含 义	是否为空/约束条件
ISBN	CHAR(4)	ISBN/书号	主键
BNAME	CHAR(20)	书名	否
AUTHOR	CHAR(20)	作者	是
PUB	CHAR(20)	出版社	是
PRICE	MONEY	定价	否,>=0
DISC	DECIMAL(3,2)	折扣	否,默认为 1
CPRICE	MONEY	现价	否,>=0
CATE	CHAR(10)	图书类别	是
BQTY	INT	库存数量	否,>=0

表 4-3 订单表 BOOKORDER 的属性信息

属 性 名 称	数 据 类 型	含 义	是否为空/约束条件
OID	CHAR(4)	订单号	主键
MID	CHAR(4)	会员号	否,外键
ODATE	DATETIME	订购日期	否
SDATE	DATETIME	发货日期	是
AMOUNT	MONEY	订购总价	否,>=0

表 4-4 订单详情表 DETAIL 的属性信息

属 性 名 称	数 据 类 型	含 义	是否为空/约束条件
OID	CHAR(4)	订单号	主属性,外键
ISBN	CHAR(4)	ISBN/书号	主属性,外键
OQTY	TINYINT	订购数量	否,>=0

网上书店数据库的实例数据见表 4-5~表 4-8。

表 4-5 会员表 MEMBER 的实例数据

MID	PASSWD	NAME	SEX	AGE	PHONE	ADDR	EMAIL
taoj	******	江涛	男	20	12600000001	湖北武汉黄陂大道	taoj@db.com
dgch	******	陈东光	男	24	12600000002	广东广州大沙东路	dgch@db.com
jtxi	******	夏军亭	男	34	12600000003	安徽合肥翡翠路	jtxi@db.com
llch	******	陈丽丽	女	35	12600000004	安徽合肥九龙路	llch@db.com
xlli	******	刘小琳	女	24	12600000005	安徽合肥惠州大道	xlli@db.com

续表

MID	PASSWD	NAME	SEX	AGE	PHONE	ADDR	EMAIL
ywzh	******	张一伟	男	46	12600000006	北京东单北大街	yw_zh@db.com
xmli	******	李小米	女	45	12600000007	上海浦东陆家嘴	xmli@db.com
hong	******	王红	女	56	12600000008	北京西单帽儿胡同	hong@db.com

表 4-6 图书表 BOOK 的实例数据

ISBN	BNAME	AUTHOR	PUB	PRICE	DISC	CPRICE	CATE	BQTY
A001	刘文典全集	刘文典	安徽大学出版社	598.00	0.50	299.00	文学	450
A002	礼乐文化与象征	褚春元	安徽大学出版社	45.00	0.80	36.00	文学	290
A003	理论物理	林少文	安徽大学出版社	30.00	0.70	21.00	物理	240
A004	理论力学	王立峰	安徽大学出版社	32.00	0.70	22.40	物理	180
B001	英语名篇诵读与赏析	王焰	北京大学出版社	25.00	0.70	17.50	外语	670
B002	大学英语（一）	李小林	北京大学出版社	40.00	0.70	28.00	外语	200
B003	大学英语（二）	王海	北京大学出版社	40.00	0.70	28.00	外语	300
F001	高等数学（上）	王子欣	复旦大学出版社	38.00	0.80	30.40	数学	460
F002	高等数学（下）	王子欣	复旦大学出版社	38.00	0.80	30.40	数学	460
G001	人工智能	李涛	高等教育出版社	60.00	0.80	48.00	计算机	500
G002	C 语言程序设计	刘正龙	高等教育出版社	40.00	0.80	32.00	计算机	128
G003	数据库原理	王山	高等教育出版社	45.00	0.90	40.50	计算机	880
G004	数据库原理实验	王山	高等教育出版社	36.00	0.90	32.40	计算机	900
G005	西方经济学	张五常	高等教育出版社	60.00	0.70	42.00	经济	160
Q001	数据库原理	陈红	清华大学出版社	49.80	0.80	39.84	计算机	880
Q002	机器学习	周志华	清华大学出版社	88.00	0.70	61.60	计算机	300
Q003	西方经济学	马克明	清华大学出版社	50.00	0.70	35.00	经济	260

表 4-7 订单表 BOOKORDER 的实例数据

OID	MID	ODATE	SDATE	AMOUNT
0001	taoj	2015-07-24 09：00：00	2017-07-25 09：05：00	670.00
0002	jtxi	2015-07-25 09：16：00	2017-07-25 19：30：00	299.00
0003	llch	2017-11-11 09：10：00	2017-11-12 08：43：00	154.94
0004	jtxi	2017-11-16 09：10：00	2017-11-16 14：20：00	335.00
0005	xlli	2017-11-20 06：16：00	2017-11-20 15：40：00	35.00
0006	taoj	2017-11-29 09：10：00	2017-11-29 15：16：00	79.68
0007	taoj	2017-12-29 19：21：00	NULL	246.40

表 4-8　订单详情表 DETAIL 的实例数据

OID	ISBN	OQTY	OID	ISBN	OQTY
0001	A001	2	0003	B001	1
0001	A002	2	0004	A001	1
0002	A001	1	0004	A002	1
0003	A002	1	0005	B001	2
0003	Q001	1	0006	Q001	2
0003	Q002	1	0007	Q002	4

2. 图书借阅数据库

为实现共享资源,方便读者阅读,各个学校、企事业单位及各个城市都建有图书馆或阅览室,收藏有丰富的各种类型的图书资料,供读者借阅,提高资源利用率。图书借阅管理系统可以有效提高图书馆管理工作效率,更好地管理和利用各种图书资料信息,控制图书资料的借阅流程,方便读者借阅和归还图书,对提高图书馆或阅览室的管理效率有很大的帮助。在图书借阅管理系统中,读者或管理人员可以根据习惯或需要按照图书编号、书名或者图书类别等查阅图书信息,进行借书和还书等操作。每本图书借阅时间有期限规定,超期未归还有相应的罚款处理(规定超期一天罚款 0.1 元),读者归还后可以再次被本人或其他读者借阅,每位读者可以借阅多本图书。

图书借阅数据库管理的实体有读者、图书分类、图书,相同书号的图书可能会有多本,所以图书用馆内编号作为唯一标识,图书馆对图书分类型管理,一个图书分类有多种图书,每种图书都归属于一个图书分类,图书分类和图书之间是一对多的联系;一个读者可以借阅多本图书,每本图书可以被多个读者借阅,读者和图书之间是多对多的联系,其概念模型(E-R 图)如图 4-2 所示。

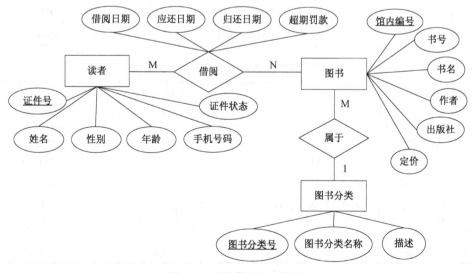

图 4-2　图书借阅概念模型

对概念模型进行转换,得到图书借阅数据库(LIBRARY)的关系模式:

图书分类 BOOKCATE(<u>图书分类号</u>,图书分类名称,描述),为图书分类实体的关系模式,其中,图书分类号是主键。

图书 BOOK(<u>馆内编号</u>,书号,书名,作者,出版社,定价,图书分类号)为图书实体的关系模式,其中,馆内编号是图书关系的主键。

读者 READER(<u>证件号</u>,姓名,性别,年龄,手机号码,证件状态)为读者实体对应的关系模式,其中,证件号是读者关系的主键。

借阅 BORROW(<u>证件号</u>,<u>馆内编号</u>,借阅日期,应还日期,归还日期,超期罚款)为读者实体和图书之间联系关系模式,其中,(证件号,馆内编号,借阅日期)的组合是主键(因为同一本图书读者可能会多次借阅,每次借阅日期不同)。读者的证件号和图书的馆内编号是借阅关系的外键,分别参照读者和图书关系的主键。

各个关系模式的属性定义信息见表 4-9～表 4-12。

表 4-9　图书分类表 BOOKCATE 的属性信息

属 性 名 称	数 据 类 型	含　义	是否为空/约束条件
CATE	CHAR(3)	图书分类号	主键
CNAME	CHAR(10)	图书分类名称	否
DESC	VARCHAR(50)	描述	是

表 4-10　图书表 BOOK 的属性信息

属 性 名 称	数 据 类 型	含　义	是否为空/约束条件
BID	CHAR(7)	馆内编号	主键
ISBN	CHAR(4)	ISBN/书号	否
BNAME	CHAR(20)	书名	否
AUTHOR	CHAR(20)	作者	否
PUB	CHAR(20)	出版社	否
PRICE	MONEY	定价	否
CATE	CHAR(3)	图书分类号	外键

表 4-11　读者表 READER 的属性信息

属 性 名 称	数 据 类 型	含　义	是否为空/约束条件
RID	CHAR(5)	证件号	主键
RNAME	CHAR(8)	姓名	否
RSEX	CHAR(2)	性别	是
RAGE	SMALLINT	年龄	是
PHONE	CHAR(11)	手机号码	否
STATE	CHAR(4)	证件状态	否

表 4-12　借阅详情表 BORROW 的属性信息

属 性 名 称	数 据 类 型	含 　 义	是否为空/约束条件
RID	CHAR(5)	证件号	主属性,外键
BID	CHAR(7)	馆内编号	主属性,外键
BDATE	DATE	借阅日期	主属性
SDATE	DATE	应还日期	否
ADATE	DATE	归还日期	是
PENALTY	MONEY	超期罚款	是

图书借阅数据库 LIBRARY 的实例数据见表 4-13～表 4-16。

表 4-13　图书分类表 BOOKCATE 的实例数据

CTAE	CNAME	DESC
A01	数学类	高等数学专著与教材
A02	物理类	物理学专著与教材
B01	电子类	电子类专著与教材
B02	计算机类	计算机类专著与教材
C01	化学类	化学类专著与教材
D01	生物类	生物类专著与教材
E01	文学类	文学类专著与教材、小说
F01	外语类	外语类专著与教材、外国文学
G01	财经类	财经类专著与教材
H01	历史类	历史类专著与教材
I01	医学类	医学类专著与教材

表 4-14　图书表 BOOK 的实例数据

BID	ISBN	BNAME	AUTHOR	PUB	PRICE	CATE
D001-01	D001	VC++ 深入详解	孙鑫	电子工业出版社	99.00	B02
D001-02	D001	VC++ 深入详解	孙鑫	电子工业出版社	99.00	B02
D001-03	D001	VC++ 深入详解	孙鑫	电子工业出版社	99.00	B02
D001-04	D001	VC++ 深入详解	孙鑫	电子工业出版社	99.00	B02
D002-01	D002	中国通史	吕思勉	电子工业出版社	99.00	H01
D002-02	D002	中国通史	吕思勉	电子工业出版社	99.00	H01
Q001-01	Q001	数据库课程设计	陈红	清华大学出版社	38.00	B02

续表

BID	ISBN	BNAME	AUTHOR	PUB	PRICE	CATE
Q001-02	Q001	数据库课程设计	陈红	清华大学出版社	38.00	B02
Q002-01	Q002	数据库原理	王一山	清华大学出版社	48.00	B02
Q002-02	Q002	数据库原理	王一山	清华大学出版社	48.00	B02
Q002-03	Q002	数据库原理	王一山	清华大学出版社	48.00	B02
R001-01	R001	大学计算机基础	崔晓雪	人民出版社	29.50	B02
R001-02	R001	大学计算机基础	崔晓雪	人民出版社	29.50	B02
R001-03	R001	大学计算机基础	崔晓雪	人民出版社	29.50	B02
S001-01	S001	国史大纲	钱穆	商务印书馆	60.00	E01
S001-02	S001	国史大纲	钱穆	商务印书馆	60.00	E01
S001-03	S001	国史大纲	钱穆	商务印书馆	60.00	E01
W001-01	W001	英语初级听力	何其莘	外语教学与研究出版社	24.90	F01
W001-02	W001	英语初级听力	何其莘	外语教学与研究出版社	24.90	F01
W001-03	W001	大学英语	徐丽华	外语教学与研究出版社	33.00	F01
W001-04	W001	大学英语	徐丽华	外语教学与研究出版社	33.00	F01
Z001-01	Z001	圆运动的古中医学	彭子益	中国中医药出版社	28.00	I01

表 4-15　读者表 READER 的实例数据

RID	RNAME	RSEX	RAGE	PHONE	STATE
17001	李丽	女	18	12500000001	可用
17002	王静	女	19	12500000002	可用
17003	陈立军	男	20	12500000003	可用
18001	王小虎	男	21	12500000004	可用
18002	李晓明	女	22	12500000005	可用
18003	王潮	男	19	12500000006	失效
18004	李伟	男	23	12500000007	可用
18005	陈晓晨	男	22	12500000008	可用
18006	江萍萍	女	21	12500000009	可用
18007	于晓光	男	20	12500000010	可用

表 4-16　借阅详情表 BORROW 的实例数据

RID	BID	BDATE	SDATE	ADATE	PENALTY
18001	R001-01	2017/04/05	2017/05/05	2017/04/24	0.00

续表

RID	BID	BDATE	SDATE	ADATE	PENALTY
18002	R001-02	2017/04/05	2017/05/05	2017/04/28	0.00
18002	R001-03	2017/04/05	2017/05/05	2017/05/06	0.10
18007	D001-01	2017/04/05	2017/05/05	2017/05/03	0.00
18004	D001-02	2017/04/05	2017/05/05	2017/06/05	3.10
18002	D001-03	2017/04/06	2017/05/06	2017/05/10	0.40
18007	R001-01	2017/07/10	2017/08/10	2017/08/10	0.00
18007	R001-03	2017/07/10	2017/08/10	2017/08/10	0.00
18007	Q001-02	2017/07/10	2017/08/10	2017/08/10	0.00
18007	R001-03	2017/09/09	2017/10/09	NULL	NULL
18007	Q002-01	2017/09/10	2017/10/10	NULL	NULL
17001	R001-03	2017/09/15	2017/10/15	2017/11/25	4.10
17002	R001-03	2017/09/18	2017/10/18	2017/11/03	1.60
17003	Q001-02	2017/09/21	2017/10/21	2017/11/01	1.10
18001	R001-03	2017/10/15	2017/11/15	2017/11/05	0.00

3. 教学管理数据库

教学管理数据库应用系统针对高等学校的教学管理,学校主要有学生和教师,开设课程由教师授课、学生学习。每门课程有多个教师可以讲授,多个学生学习;每个教师可以讲授多门课程,给多个学生授课;每个学生师从多个教师,学习多门课程。因此,教学管理数据库 SCT 的实体有学生、课程、教师,三者之间是多对多的联系。

教学管理数据库概念模型(E-R 图)见图 4-3。

对概念模型进行转换,得到教学管理数据库 SCT 的关系模式如下:

学生 STUDENT(学号,姓名,性别,专业,院系,年龄,电话,邮箱)为学生实体对应的关系模式,其中,学号是学生关系的主键。

课程 COURSE(课程号,课程名,学分,课程性质)为课程实体对应的关系模式,其中,课程号是课程关系的主键。

教师 TEACHER(工号,姓名,性别,院系,年龄,职称,电话,邮箱)为教师实体对应的关系模式,其中,工号是教师关系的主键。

教学 SCT(学号,课程号,工号,成绩)为联系"教学"对应的关系模式。因为教学是学生、课程和教师之间的多对多联系,所以学生、课程和教师的主属性,以及教学联系本身的属性"成绩",共同构成了教学关系模式 SCT 的属性,其中,学号、工号、课程号的组合是教学关系的主键,学生、教师和课程的主属性学号、工号、课程号是外键,分别参照学生、教师和课程关系的主键属性。

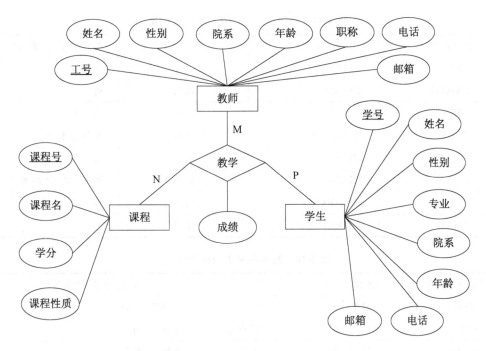

图 4-3 教学管理系统概念模型

各个关系模式的属性定义信息见表 4-17～表 4-20。

表 4-17 学生表 STUDENT 的属性信息

属性名称	数据类型	含 义	是否为空/约束条件
SNO	CHAR(9)	学号	主键
SNAME	CHAR(8)	姓名	否
SSEX	CHAR(2)	性别	'男' '女'
SPROF	CHAR(10)	专业	否
SDEPT	CHAR(10)	院系	否
SAGE	TINYINT	年龄	取值范围为 1～100
STEL	CHAR(11)	电话	否
EMAIL	VARCHAR(30)	邮箱	否

表 4-18 课程表 COURSE 的属性信息

属性名称	数据类型	含 义	是否为空/约束条件
CNO	CHAR(6)	课程号	主键
CNAME	CHAR(20)	课程名	否
CREDIT	TINYINT	学分	取值范围为 1～8
CTYPE	CHAR(4)	课程类型	'必修' '选修' '公选'

表 4-19　教师表 TEACHER 的属性信息

属 性 名 称	数 据 类 型	含　　义	是否为空/约束条件
TNO	CHAR(5)	工号	主键
TNAME	CHAR(8)	姓名	否
TSEX	CHAR(2)	性别	'男' '女'
TAGE	TINYINT	年龄	取值范围为 1～100
TDEPT	CHAR(10)	院系	否
TITLE	CHAR(10)	职称	'讲师' '教授' '副教授'
TTEL	CHAR(11)	电话	否
EMAIL	VARCHAR(30)	邮箱	否

表 4-20　教学表 SCT 的属性信息

属 性 名 称	数 据 类 型	含　　义	是否为空/约束条件
SNO	CHAR(9)	学号	主属性,外键
CNO	CHAR(6)	课程号	主属性,外键
TNO	CHAR(5)	工号	主属性,外键
GRADE	TINYINT	成绩	允许为空,如果不为空,则为 0～100

教学管理数据库 SCT 的实例数据见表 4-21～表 4-24。

表 4-21　学生表 STUDENT 的实例数据

SNO	SNAME	SSEX	SPROF	SDEPT	SAGE	STEL	EMAIL
P20160101	王红	女	网络	电子	20	12700000001	wh@dbs.com
P20160421	周宁	女	通信	电子	19	12700000002	zy@dbs.com
E20160123	王平	男	科技	计算机	21	12700000003	wp@dbs.com
E20160120	王力	男	科技	计算机	20	12700000004	wl@dbs.com
E20160119	李维	女	软件	计算机	19	12700000005	lw@dbs.com
F20160201	李晓玲	女	机器人	自动化	20	12700000006	xl@dbs.com
F20160202	张志军	男	传感器	自动化	21	12700000007	zj@dbs.com
F20160203	林美	女	传感器	自动化	20	12700000008	lm@dbs.com

表 4-22　课程表 COURSE 的实例数据

CNO	CNAME	CREDIT	CTYPE
MA-001	高等数学 A	3	必修
MA-002	高等数学 B	3	必修
CS-001	C 语言	2	公选
CS-002	数据库	3	公选

续表

CNO	CNAME	CREDIT	CTYPE
CS-003	操作系统	4	必修
EI-001	数字电路	3	必修
EE-001	专业英语一	2	选修
EE-002	专业英语二	2	选修

表 4-23 教师表 TEACHER 的实例数据

TNO	TNAME	TSEX	TAGE	TDEPT	TITLE	TTEL	EMAIL
90001	王丽	女	46	英语	教授	12800000001	wl@dbt.com
91001	周小平	女	43	物理	副教授	12800000002	xp@dbt.com
90002	丁伟力	男	48	计算机	教授	12800000003	dwl@dbt.com
92001	王建宁	男	40	计算机	副教授	12800000004	wjl@dbt.com
95001	李小红	女	35	自动化	讲师	12800000005	lxh@dbt.com
93001	李艾米	女	40	计算机	教授	12800000006	lam@dbt.com
92002	张学军	男	38	电子	副教授	12800000007	zxj@dbt.com
95002	吴琳琳	女	36	电子	讲师	12800000008	wll@dbt.com

表 4-24 教学表 SCT 的实例数据

SNO	CNO	TNO	GRADE
P20160101	CS-001	90002	90
P20160101	EI-001	91001	80
E20160119	CS-001	90002	72
E20160119	CS-002	92001	65
E20160120	CS-001	90002	95
E20160123	EI-001	91001	91
E20160123	EE-001	90001	83
E20160123	CS-001	90002	53
F20160203	CS-001	90002	82
F20160203	CS-002	92001	80
F20160203	EE-001	90001	75
P20160421	CS-001	90002	76
P20160421	EE-001	90001	85
P20160421	EE-002	90001	88
P20160101	CS-002	92001	30

本章所有的实验指导举例和实验要求均在网上书店数据库 BOOKSTORE、图书借阅数据库 LIBRARY、教学管理数据库 SCT 以及第 3 章的案例数据库（供应管理数据库 SPJ）中完成相应操作。

4.1　实验 1　安装和配置 SQL Server 2008（选做）

※实验目的※

(1) 熟悉并掌握 Microsoft SQL Server 2008 的安装步骤。

(2) 了解 SQL Server 2008 的卸载方法。

(3) 熟悉 Microsoft SQL Server Management Studio 界面和功能。

(4) 掌握启动和停止 SQL Server 服务的方法。

※实验指导※

1. SQL Server 2008 的安装

在安装之前，首先应该考虑下列事项：

(1) 确保计算机硬件满足安装 SQL Server 2008 的要求。

① 对于 32 位计算机系统：

- 主机：Intel 或兼容 CPU Pentium 1.0GHz 以上，建议使用 2.0GHz 或更快的 CPU。
- 内存：1GB 以上。
- 硬盘：2GB 以上的安装空间以及必要的数据预留空间。

② 对于 64 位计算机系统：

- 主机：Intel 或兼容 CPU Pentium 1.4GHz 以上，建议使用 2.0GHz 或更快的 CPU。
- 内存：1GBRAM，建议 2GB 或更大。
- 硬盘：2.2GB 以上的安装空间以及必要的数据预留空间。

(2) 确保计算机的操作系统满足安装 SQL Server 2008 的要求。

在安装 SQL Server 2008 各种版本或组件之前必须安装 Windows 操作系统。具体应安装 Windows XP 及以上版本。

完成准备工作后，下面介绍如何安装 SQL Server 2008。本节只介绍本地计算机第一次安装 SQL Server 2008 数据库服务器的过程，以安装 SQL Server 2008 R2 为例。

首先确定计算机符合软、硬件要求，解压安装文件，单击运行，弹出界面如图 4-4 所示。按照下列步骤完成安装。

在弹出的窗口"SQL Server 安装中心"中，选择"安装"项，单击右侧的"全新安装或向现有安装添加功能"，如图 4-5 所示，进入"SQL Server R2 安装程序"界面，如图 4-6 所示，单击"确定"按钮,进入"许可条款",如图 4-7 所示。

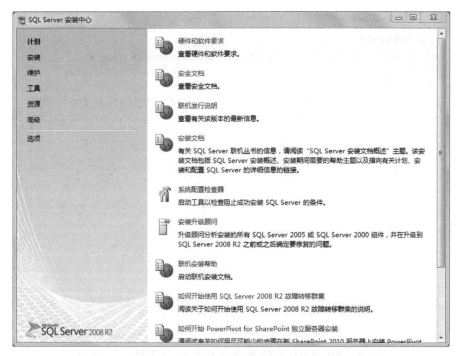

图 4-4　SQL Server 安装中心——计划

图 4-5　SQL Server 安装中心——计划

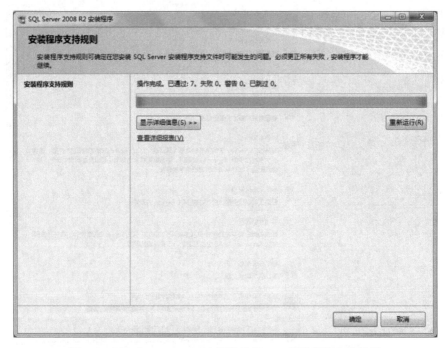

图 4-6　SQL Server 2008 R2 安装程序——安装程序支持规则

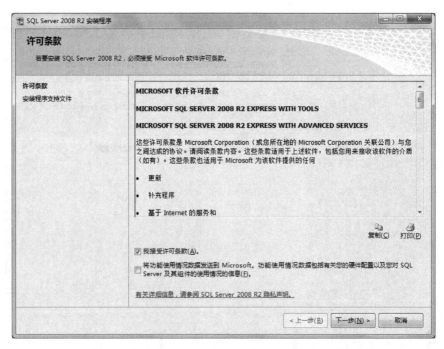

图 4-7　SQL Server 2008 R2 安装程序——许可条款

选中"我接受许可条款"复选框,单击"下一步"按钮,打开"安装程序支持文件"窗口,如图 4-8 所示。单击"安装"按钮,进入"安装程序支持规则",如图 4-9 所示。

图 4-8　SQL Server 2008 R2 安装程序支持文件

图 4-9　SQL Server 2008 R2 安装程序支持规则

安装完成后,单击"下一步"按钮,进入"功能选择",如图 4-10 所示,再单击"下一步"按钮,进入"实例配置"窗口,如图 4-11 所示。

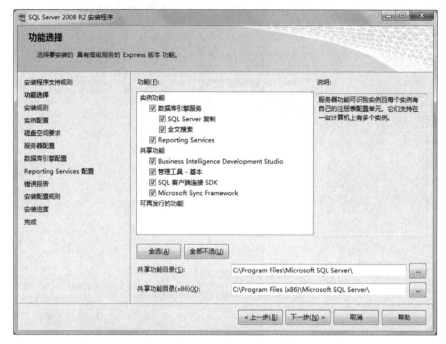

图 4-10　SQL Server 2008 R2 安装程序——功能选择

图 4-11　SQL Server 2008 R2 安装程序——实例配置

在"实例配置"窗口，可以添加和维护 SQL Server 2008 实例。选择"默认实例"，默认实例名为 SQLExpress。单击"下一步"按钮，进入"服务器配置"界面，如图 4-12 所示。再一步一步操作，如图 4-13～图 4-15 所示，直至最后完成安装，如图 4-16 所示。

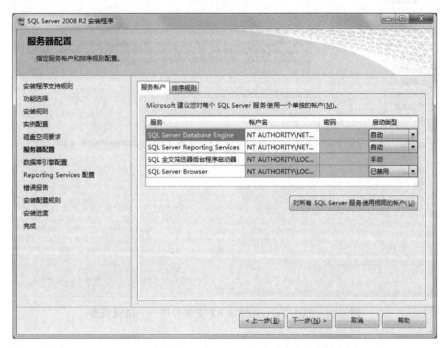

图 4-12　SQL Server 2008 R2 安装程序——服务器配置

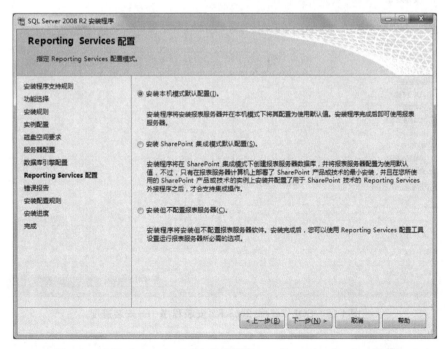

图 4-13　SQL Server 2008 R2 安装程序——Reporting Services 配置

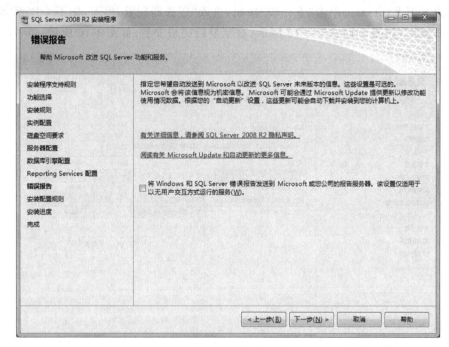

图 4-14   SQL Server 2008 R2 安装程序——错误报告

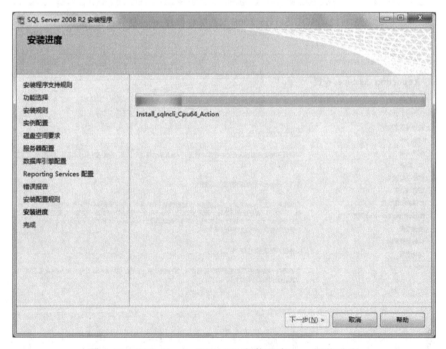

图 4-15   SQL Server 2008 R2 安装程序——安装进度

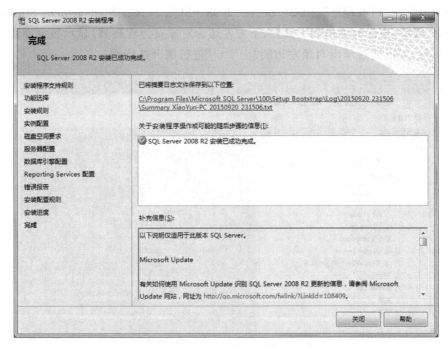

图 4-16　SQL Server 2008 R2 安装程序——完成

2. 配置和启动 SQL Server 2008 数据库服务

SQL Server 2008 安装完成之后，在 Windows"所有程序"菜单中会出现 Microsoft SQL Server 2008 R2 程序组。一般安装时默认开机启动 SQL Server 2008 数据库服务，可以检查 SQL Server 2008 数据库服务器是否启动，即依次选择"开始"→"所有程序"→Microsoft SQL Server 2008 R2 →"配置工具" →"SQL Server 配置管理器"。进入配置管理器界面，如图 4-17 所示，可以根据情况进行相应配置。可以查看 SQL Server(MSSQLSERVER)是否为启动状态，如果没有启动，则右击鼠标，在快捷菜单中选择"启动"，启动该服务。

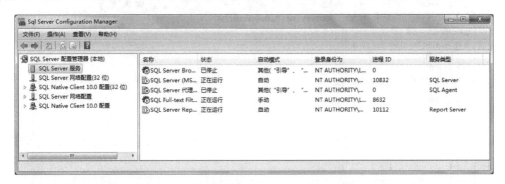

图 4-17　SQL Server 配置管理器——启动/停止 SQL Server 服务

用 SQL Server 2008 进行交互式数据库管理工作是在 SQL Server 2008 的组件 SQL Server Management Studio 中进行，启动 SQL Server Management Studio 的步骤是：依

次选择"开始"→"所有程序"→SQL Server 2008→SQL Server Management Studio,界面如图 4-18 所示,顶部为菜单和工具栏,下方左边为对象资源管理器,显示数据库服务器中的所有对象,可以通过单击对象左边的"＋""－"进行展开或折叠。

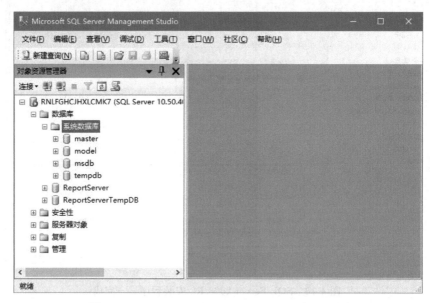

图 4-18　SQL Server Management Studio 窗口界面

单击窗口左上角的"新建查询"打开查询分析器,如图 4-19 所示,在里面显示输入的 SQL 语句,单击工具栏上的"√"对语句进行分析(编译),如语句有错误,会在下方结果显示区域报错,排除错误后,单击工具栏上"! 执行(X)",则执行 SQL 语句,执行结果显示在下部的结果显示区域。

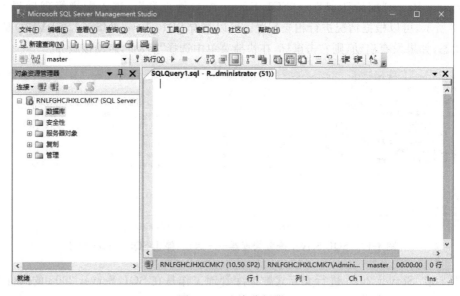

图 4-19　查询分析器

（1）学习安装和配置 SQL Server 2008。部分实验机房受实验环境限制不能自由安装软件，建议学生在个人计算机中学习安装和配置 SQL Server 2008。

（2）练习启动和停止数据库服务器。

（3）熟悉 SQL Server Management Studio 窗口界面，熟悉对象在资源管理器、查询分析器的使用。

（4）学习使用 SQL Server 2008 帮助文档（联机丛书）。

4.2　实验 2　数据定义实验

（1）学习并掌握 SQL 数据库定义功能，掌握基本表、索引的概念和作用，熟悉 SQL Server 2008 的数据类型。

（2）熟悉在 SQL Server Management Studio 中交互式向导创建和管理数据库、基本表、索引的方法。

（3）熟悉在 SQL Server Management Studio 中利用 SQL 语句创建和管理数据库、基本表、索引的方法。

（4）掌握数据库的修改和删除方法。

1. 定义数据库

（1）使用 Management Studio 交互式向导创建一个网上书店数据库。

要求：数据库命名为 BOOKSTORE，数据文件命名为 BOOKSTORE_data，初始大小可设为 5MB，数据库自动增长，增长率设置为 10％；日志文件命名为 BOOKSTORE_log，初始大小为 5MB，最大值不受限制，按照 1MB 增长，存储路径选择为"D：\data"文件夹（如果文件夹不存在，请先建立文件夹）。

① 打开 SQL Server 2008 中的 Management Studio 图形工具，步骤如下：依次选择"开始"→"所有程序"→SQL Server 2008→SQL Server 2008 Management Studio。

② 连接数据库服务器：选择可用的服务器引擎，单击"连接到服务器"对话框中的"连接"按钮，连接到 SQL Server 2008 数据库服务器。

③ 创建 BOOKSTORE 数据库：在 Management Studio 中，右击"数据库"命令，在弹出的快捷菜单中，选择"新建数据库"命令。

④ 在弹出的"新建数据库"对话框中输入数据库名称 BOOKSTORE，在数据库的主

文件初始大小中输入 5MB,增长方式设置为按 10% 的增长率进行增长,日志文件初始大小设置为 5MB,增长方式为 1MB,存储路径修改为"D:\data",如图 4-20 所示,然后单击"确定"按钮。

⑤ 在左侧的 Management Studio 中,右击"数据库",在弹出的快捷菜单中单击"刷新"按钮,可以看到新建的数据库 BOOKSTORE。

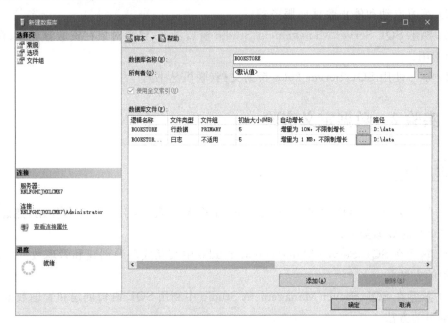

图 4-20 新建数据库——BOOKSTORE

(2) 使用 SQL 语句创建图书借阅数据库 LIBRARY。

要求:数据库命名为 LIBRARY;数据文件命名为 LIBRARY_data,初始大小可设为 5MB,数据库自动增长,增长率设置为 10%;日志文件命名为 LIBRARY_log,初始大小为 5MB,最大值为 20MB,按照 1MB 增长,其存储路径选择为"D:\data"文件夹。

① 启动 SQL Server 2008 Management Studio,并连接到服务器。

② 单击"新建查询",在新建查询窗口,输入建立数据库的 SQL 语句。

建立数据库的 SQL 语句如下:

```
CREATE DATABASE LIBRARY                  /*创建图数据库*/
ON PRIMARY
(
NAME='LIBRARY_data',                     /*主数据文件的逻辑名*/
FILENAME='D:\data\LIBRARY_data.mdf',     /*主数据文件的物理路径名*/
SIZE=5MB,                                /*初始大小*/
FILEGROWTH=10%                           /*增长率*/
)
log ON
(
```

```
NAME='LIBRARY_log',                     /*日志文件的逻辑名*/
FILENAME='D:\data\LIBRARY_log.ldf',     /*日志文件的物理路径名*/
SIZE=5MB,
MAXSIZE=20MB,
FILEGROWTH=1MB
);
```

③ 单击工具栏的"❗执行(X)",则执行该 SQL 语句,下方显示"命令已成功完成",如图 4-21 所示,则成功创建图书借阅数据库 LIBRARY。此时刷新左边对象资源管理器,会看到新建的数据库对象。

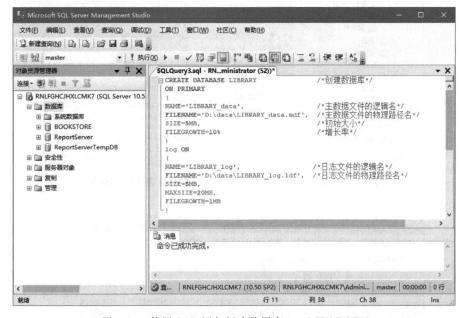

图 4-21 使用 SQL 语句新建数据库——LIBARARY

2. 定义和管理基本表

(1) 交互式创建网上书店数据库的会员表 MEMBER。

使用 Management Studio 图形工具建立网上书店数据库的会员表,步骤如下:

① 打开 SQL Server 2008,在 Management Studio 中单击 BOOKSTORE 数据库图标前的"+",在展开项中选中"表",右击,在快捷菜单中选择"新建表"。

② 在打开的创建表的窗口中,按照表 4-1 的属性名称和数据类型进行交互式建表,如图 4-22 所示。

③ 右击 MID,选择"设置主键",如图 4-23 所示,设置成功后,MID 属性列左边出现 🔑,表示主键设置成功。

④ 单击工具栏上的"🖫"按钮,在弹出的对话框中输入表名 MEMBER,单击"确定"按钮即可。右击 Management Studio 中的 BOOKSTORE 数据库中的"表",单击"刷新"按钮,即可看到新建立的 MEMBER 表。

图 4-22　使用 Management Studio 新建会员表 MEMBER

图 4-23　设置会员表 MEMBER 的主键

也可以使用 SQL 语句来建立会员表 MEMBER。

```
CREATE TABLE MEMBER                        /*会员表*/
(
MID CHAR(4)   PRIMARY KEY,
PASSWD CHAR(6) NOT NULL,
NAME CHAR(8) NOT NULL,
SEX CHAR(2),
AGE SMALLINT,
PHONE CHAR(11) NOT NULL,
ADDR VARCHAR(20) NOT NULL,
EMAIL VARCHAR(20)
);
```

（2）使用 SQL 语句建立网上书店数据库的图书表、订单表和订单详情表。

创建网上书店数据库的图书表、订单表和订单详情表，分别命名为 BOOK、BOOKORDER 和 DETAIL。

在新建查询窗口中输入如下创建表的 SQL 语句，如图 4-24～图 4-26 所示。

```
CREATE TABLE BOOK                          /*图书表*/
(
ISBN CHAR(4)   PRIMARY KEY,                /*图书的 ISBN/书号*/
BNAME CHAR(20) NOT NULL,                   /*图书的书名*/
AUTHOR CHAR(20),                           /*图书的作者*/
PUB CHAR(20),                              /*图书的出版社*/
PRICE MONEY NOT NULL,                      /*图书的定价*/
DISC DECIMAL(3,2) NOT NULL DEFAULT 1.00,   /*图书的折扣*/
CPRICE MONEY NOT NULL,                     /*图书的现价*/
CATE CHAR(10),                            /*图书的类别*/
BQTY INT NOT NULL                          /*图书的库存数量*/
);


CREATE TABLE BOOKORDER                     /*订单表*/
(
OID CHAR(4)   PRIMARY KEY,                 /*订单号*/
MID CHAR(4) NOT NULL,                      /*会员号*/
ODATE DATETIME NOT NULL,                   /*订购时间*/
SDATE DATETIME,                            /*发货时间*/
AMOUNT MONEY                               /*订单金额*/
FOREIGN KEY (MID) REFERENCES MEMBER(MID)
);


CREATE TABLE DETAIL                        /*订单详情表*/
(
OID CHAR(4),                              /*订单号*/
```

```
ISBN CHAR(4),                                    /*图书的 ISBN/书号*/
OQTY TINYINT                                      /*图书的订购数量*/
PRIMARY KEY (OID, ISBN),
FOREIGN KEY (OID) REFERENCES BOOKORDER(OID),
FOREIGN KEY (ISBN) REFERENCES BOOK(ISBN)
);
```

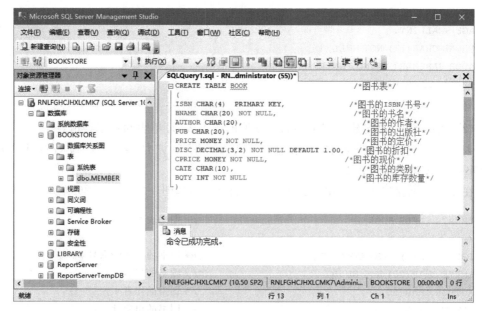

图 4-24　使用 SQL 语句创建图书表 BOOK

图 4-25　使用 SQL 语句创建订单表 BOOKORDER

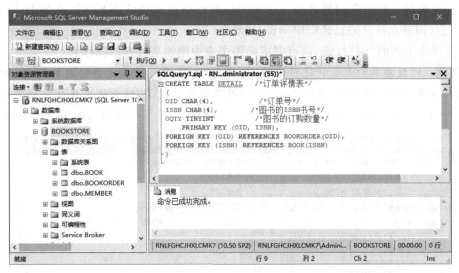

图 4-26 使用 SQL 语句创建订单详情表 DETAIL

（3）利用 Management Studio 图形工具修改网上书店数据库的图书表 BOOK。

要求：向网上书店数据库的图书表 BOOK 中增加页数列，其数据类型是小整型数，允许为空。

① 打开 SQL Server 2008，在 Management Studio 中单击 BOOKSTORE 数据库的"＋"，在展开项中选择 BOOK 表，右击，在打开的快捷菜单中单击"设计"，打开编辑界面，如图 4-27 所示。

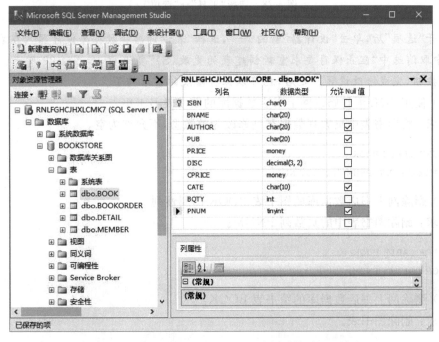

图 4-27 修改图书表 BOOK——增加页数列 PNUM

② 在最后一行对应的列名输入 PNUM，数据类型选择 TINYINT 或 SMALLINT，允许为空（即在允许空的复选框中单击，出现"√"）。

③ 单击上方的"■"按钮，即可完成向图书表中增加页数列的操作。

注意：对数据库的表设计进行修改、保存时，如果出现了不允许修改的状态，即报错"不允许保存更改"，是因为 SQL Server 2008 默认是选定了"阻止保存要求重新创建表的更改"，可以在 Management Studio 菜单中依次选择"工具"→"选项"，如图 4-28 所示。

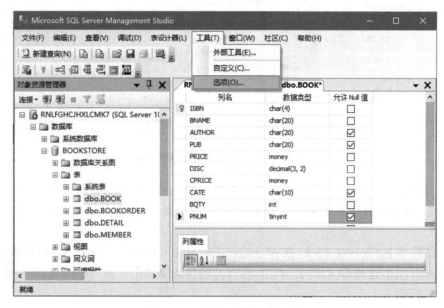

图 4-28　选择"工具"→"选项"

打开"选项"后，单击"设计器"前的"＋"，选择"表设计器和数据库设计器"，在右侧"表选项"中取消选中"阻止保存要求重新创建表的更改（S）"复选框，如图 4-29 所示，再单击"确定"按钮，完成修改设置。之后，就可以保存修改的表结构了。

（4）使用 SQL 语句修改网上书店数据库的图书表 BOOK。

要求：将图书表中页数列数据类型修改为整数型，不允许为空。

```
ALTER TABLE BOOK
ALTER COLUMN PNUM INT NOT NULL;
```

（5）删除网上书店数据库的图书表 BOOK 的属性列。

要求：删除图书表中的页数列 PNUM。

```
ALTER TABLE BOOK
DROP COLUMN PNUM;
```

（6）删除网上书店数据库的图书表 BOOK。

要求：删除图书表。

```
DROP TABLE BOOK;
```

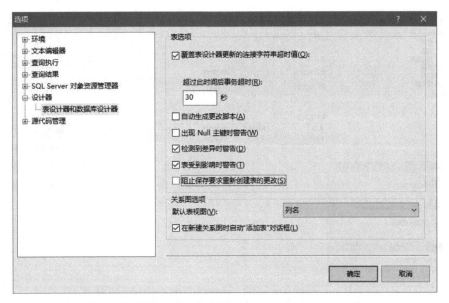

图 4-29 取消选中"阻止保存要求重新创建表的更改"复选框

注意:

① 当图书表 BOOK 有关联的其他表时,需要将其他表先删除,才能删除图书表。

② 数据库运行时,不能随便删除基本表。基本表的删除语句在这里仅作为一个例子来说明,如果误删除,请再建立该表。实际应用中删除基本表的操作一定要慎用,普通用户一般无权删除基本表。

3. 定义和管理索引

(1) 利用 Management Studio 工具为图书表 BOOK 中的书名 BNAME 属性建立次索引。

打开 Management Studio,单击 BOOK 表名左边的"+"将表展开,找到"索引"项,右击"索引",在快捷菜单中选择"新建索引",在打开的"新建索引"窗口中输入索引名称 IDX_BNAME,索引类型选择"非聚集",单击"添加"按钮,在新打开的窗口中选中 BNAME 属性列,单击"确定"按钮。如图 4-30 所示,单击"确定"按钮,完成索引的创建。可以在左侧对象资源管理器中查看新建的次索引。

(2) 用 SQL 语句为会员表图书表 BOOK 的出版社属性 PUB 创建次索引。

```
CREATE INDEX IDX_PUB
ON BOOK(PUB);
```

(3) 用 SQL 语句为会员表 MEMBER 中姓名 NAME 属性列创建索引。

```
CREATE INDEX IDX_NAME
ON MEMBER(NAME);
```

图 4-30　使用交互式工具为图书表 BOOK 的书名 BNAME 创建次索引

※实验要求※

1. 为网上书店数据库 BOOKSTORE 完成数据定义工作

（1）使用 SQL 语句创建网上书店数据库并命名为 BOOKSTORE。

（2）使用 SQL 语句创建会员表 MEMBER。

（3）使用 Management Studio 交互式向导创建图书表 BOOK、订单表 BOOKORDER、订单详情表 DETAIL。

（4）在会员表 MEMBER 中增加一属性列：固定电话 TEL,字符型,宽度 12 位。

（5）删除会员表 MEMBER 中的固定电话属性列 TEL。

（6）为会员表 MEMBER 的地址属性 ADDR 创建一个索引。

（7）为图书表 BOOK 的作者属性 AUTHOR 创建索引。

（8）为订单表 BOOKORDER 的订购日期属性 BDATE、订购总价属性 AMOUNT 分别创建索引。

（9）删除订单表 BOOKORDER 属性 AMOUNT 的索引。

（10）删除订单详情表 DETAIL（实验时可以仅写出 SQL 语句并编译,不实际删除该表,或者练习删除之后再重新建立该表）。

2. 为图书借阅数据库 LIBRARY 完成数据定义工作

（1）使用 Management Studio 交互式向导创建图书借阅数据库并命名为 LIBRARY。

(2) 使用 Management Studio 交互式向导创建图书分类表 BOOKCATE、读者表 READER。

(3) 使用 SQL 语句创建图书表 BOOK、借阅详情表 BORROW,定义其主键和外键。

(4) 在读者表 READER 中增加出生日期属性列：BIRTH,日期型。

(5) 删除读者表 READER 中的出生日期属性列 BIRTH。

(6) 为图书表 BOOK 的出版社属性 PUB 创建一个索引。

(7) 为图书表 BOOK 的作者属性 AUTHOR 创建索引。

(8) 为借阅详情表 BORROW 的借阅日期 BDATE 和归还日期 ADATE 属性分别创建索引。

(9) 删除借阅详情表 BORROW 归还日期 ADATE 属性的索引。

(10) 删除借阅详情表 BORROW(实验时可以仅写出 SQL 语句并编译,不实际删除该表,或者练习删除之后再重新建立该表)。

3. 为教学管理数据库 SCT 完成数据定义工作

(1) 使用 SQL 语句创建教学管理数据库并命名为 SCT。

(2) 使用 Management Studio 交互式向导创建学生表 STUDENT、课程表 COURSE。

(3) 使用 SQL 语句创建教学管理数据库的教师表 TEACHER 和教学表 SCT。

(4) 在学生表 STUDENT 中增加家庭电话属性列：FTEL,字符型,宽度 12 位。

(5) 删除学生表 STUDENT 中的家庭电话属性列 FTEL。

(6) 在课程表 COURSE 中增加开课学期属性列：SEMESTER,字符型,宽度 2 位,规定取值只为"春"或"秋"。

(7) 删除学生表 STUDENT 的开课学期属性列 SEMESTER。

(8) 为学生表 STUDENT 的院系属性 SDEPT 和专业属性 SPROF 分别创建索引。

(9) 为教师表 TEACHER 的院系属性 TDEPT 和职称属性 TITLE 分别创建索引。

(10) 为教学表 SCT 的成绩属性 GRADE 创建索引。

4. 为供应管理数据库 SPJ 完成数据定义工作

(1) 使用 Management Studio 交互式向导创建供应管理数据库并命名为 SPJ。

(2) 使用 Management Studio 交互式向导创建供应商表 S、零件表 P。

(3) 使用 SQL 语句创建工程项目表 J 和供应表 SPJ。

(4) 在供应商表 S 中增加经理属性列：MANAGER,字符型,宽度 8 位。

(5) 删除供应商表 S 中的经理属性列 MANAGER。

(6) 在零件表 P 中增加一属性列：生产厂家 FACTORY,字符型,宽度 20 位。

(7) 删除零件表 P 中的零件生产厂家属性列 FACTORY。

(8) 为供应商表 S 的供应商名属性 SNAME 和城市属性 CITY 分别创建索引。

(9) 为项目表 J 的项目名属性 JNAME 和城市属性 CITY 分别创建索引。

(10) 为供应表 SPJ 的供应量属性 QTY 创建索引。

4.3　实验 3　数据库数据导入导出实验(实验数据的准备)(选做)

(1) 了解 SQL Server 数据导入和导出的概念及原理。

(2) 学习并掌握 SQL Server 2008 中数据库与 Excel 表格之间交换数据的基本方法。

※实验指导※

数据的导入导出功能是 SQL Server 数据库管理系统的实用程序,用来实现数据库管理系统与其他应用的数据交换,方便用户进行建立数据库初期数据的收集工作。

本书为方便读者进行实验训练,准备了案例数据库中的实例数据,存放在 Excel 表格中,随教程发布,读者可以直接将数据导入数据库,快速开始后面的数据查询和数据更新实验,也可以在实验结束时将自己操作改变的数据库内容导出到 Excel 表格中带走,方便下次实验时使用。

下面带领读者一步一步练习 SQL Server 的数据导入导出功能,熟悉 SQL Server 与 Excel 表格之间交换数据的方法。

1. 数据的导入

将数据从 Excel 表格导入 BOOKSTORE 数据库。

(1) 确认本机安装了 Excel,将事先准备好的数据录入 Excel 表格。要求每个基本表的内容在一个单独的 Sheet 中,数据库中有几个基本表就有几个 Sheet,并且 Sheet 里的列与数据库基本表的列一一对应,数据类型也要保持一致,每个 Sheet 的名字最好与基本表保持一致,便于理解和记忆。将编辑好需要导入的 Excel 数据表命名为"BOOKSTORE 导入数据. xlsx"(本例可以使用随教材发布的案例数据)。

注: 可根据计算机安装的 Excel 版本建立对应的 Excel 表格文件并进行后续的选择,本节介绍以 Microsoft Excel 2007 为例。

(2) 在 Management Studio 中窗口左侧右击数据库对象 BOOKSTORE,在快捷菜单中依次选择"任务"→"导入数据",打开导入导出对话框,单击"下一步"按钮,进入"选择数据源"界面。

(3) 在"选择数据源"界面的下拉列表中选择 Microsoft Excel,在"浏览"中进行 Excel 文件路径的选择,打开"BOOKSTORE 导入数据. xlsx",默认选中"首行包含列名称"复选框,如果 Excel 表中仅有数据,没有列名称,可取消选中,如图 4-31 所示。单击"下一步"按钮,进入"选择目标"界面。

(4) 在"选择目标"界面选择 SQL Server Native Client 10.0,数据库选择 BOOKSTORE,如图 4-32 所示。单击"下一步"按钮,进入"选择源表和源视图"界面。

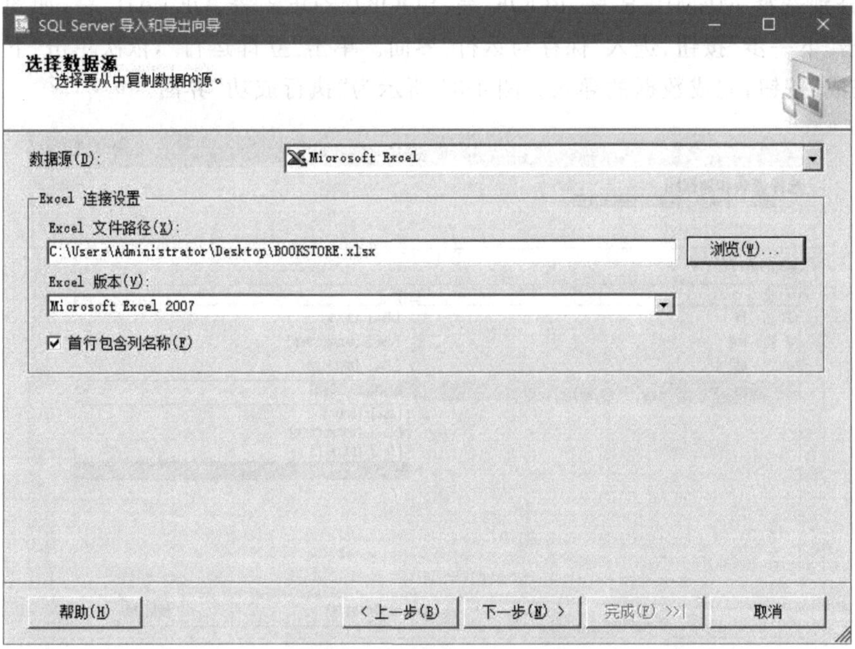

图 4-31　导入数据——选择数据源

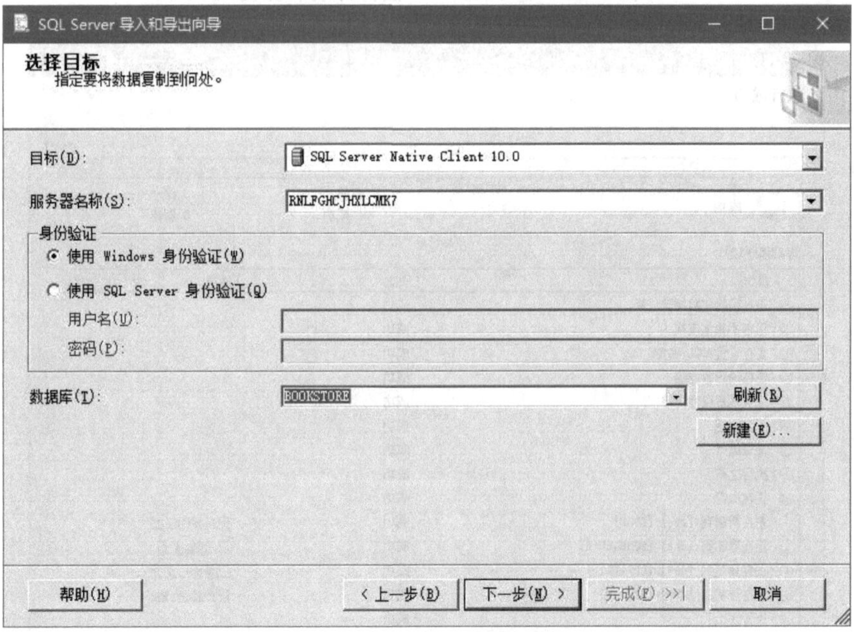

图 4-32　导入数据——选择目标

（5）在"选择源表和源视图"界面，选中左侧的"源"栏所有想要导入的 Excel 表的
SHEET 名（M、B、BO、D，"＄"是系统自动添加的后缀），单击右侧"目标"栏下拉箭头，选
定数据库当中已经存在的表作为对应的目标（SHEET 与基本表的对应关系一定要精

准),即分别选择 MEMBER 表、BOOK 表、BOOKORDER 表、DETAIL 表,如图 4-33 所示。单击"下一步"按钮,进入"保存与运行"界面。单击"立即运行",依次单击"下一步"按钮和"完成"按钮,完成数据的导入。图 4-34 所示为"执行成功"界面。

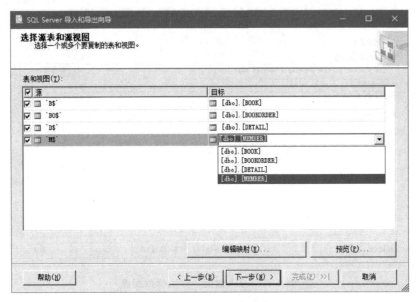

图 4-33 导入数据——选择源表和源视图

图 4-34 导入数据操作执行成功

注意：导入数据操作可能会因为多种原因导致导入不成功，请仔细查阅详细错误代码进行排查。在 SQL Server 2008 中，也可以在编辑输入基本表的数据时，将其他表格中符合表定义的数据直接复制到当前表中。

导入数据时如因意外错误导致表格中数据无法修改或删除，可以使用 Esc 键撤销上次操作，或者在查询分析器中使用 SQL 语句对表中的错误数据进行删除，如：

```
DELETE
FROM BOOK ;
```

之后再重新进行数据导入。

2. 数据的导出

将 BOOKSTORE 数据库中的数据导出到 Excel 表格中。

（1）确认本机安装了 Excel。新建一个表格"BOOKSTORE 导出数据.xlsx"，并在该表格中建立多个表单（SHEET）以存放准备导出的数据，每一个 SHEET 根据数据库中基本表的属性列给定列名。

（2）在 Management Studio 窗口左侧右击数据库对象 BOOKSTORE，依次选择"任务"→"导出数据"，打开导入导出对话框，单击"下一步"按钮，进入"选择数据源"界面。

（3）在"选择数据源"界面选择 SQL Server Native Client 10.0，数据库选择要导出的 BOOKSTORE 数据库，如图 4-35 所示。单击"下一步"按钮，进入"选择目标"界面。

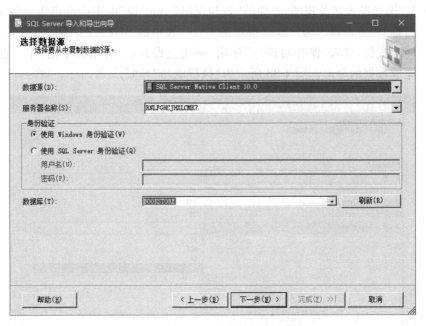

图 4-35　导出数据——选择数据源

（4）在"选择目标"界面选择 Microsoft Excel，单击"浏览"按钮进行 Excel 文件路径选择（导出的 Excel 文件放置的文件夹和文件名，本例即选择 Excel 表格 BOOKSTORE.

xlsx），Excel 版本选择 Microsoft Excel 2007，如图 4-36 所示。单击"下一步"按钮，进入"选择源表和源视图"界面。

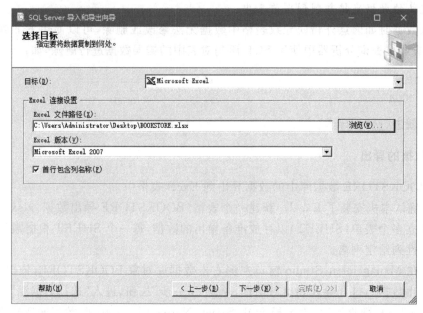

图 4-36　导出数据——选择目标

（5）在"选择源表和源视图"界面的"表和视图"中的"源"的下面选定想要导出数据的基本表，"目标"栏可以修改为由自己指定的 Excel 表中的 SHEET 名称，如图 4-37 所示。单击"下一步"按钮，进入"保存与运行"界面，单击立即运行，再依次单击"下一步"→"完成"按钮，完成数据的导出。图 4-38 所示为"执行成功"界面。

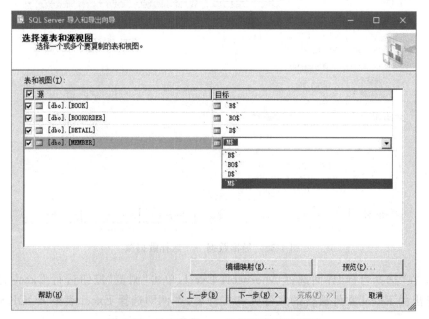

图 4-37　导出数据——选择源表和源视图

图 4-38 导出数据操作执行成功

注意：本节的数据导入导出功能是 SQL Server 的一个实用程序，是 SQL Server 数据库管理系统与其他应用交换数据的一种方法，并不是实际应用中的常用数据管理功能。实际应用中数据库系统的数据一般都是用户通过应用程序在日常工作中进行收集和保存。

※实验要求※

(1) 将数据(详见表 4-13～表 4-16)从 Excel 表格 LIBRARY. xlsx 中导入到图书借阅数据库 LIBRARY 中。

(2) 在图书借阅数据库 LIBARARY 的读者表 READER 中编辑添加实验人员自己的信息并在借阅表 BORROW 中添加一些借阅记录后，将数据库读者表和 BORROW 表导出到"LIBRARY 导出数据. xlsx"文件中。

(3) 将 Excel 表 BOOKSTORE. xlsx 导入网上书店数据库 BOOKSTORE，添加读者自己的会员信息和一些购买图书的订单信息再进行导出操作。

(4) 将 Excel 表 SCT. xlsx 导入教学管理数据库 SCT，添加一些学生记录和教学记录再进行导出操作。

(5) 将 Excel 表 SPJ. xlsx 导入供应管理数据库 SPJ，添加一些供应商信息、零件信息、工程项目信息和一些供应信息再进行导出操作。

4.4 实验4 数据库的附加(数据库实用程序)(选做)

※实验目的※

(1) 了解数据库的数据文件、日志文件和附加数据库的概念和基本原理。

(2) 熟悉并掌握 SQL Server 2008 中数据库的复制与附加功能。

※实验指导※

在 SQL Server 数据库管理系统中创建一个数据库之后,在 Windows 系统中会生成两个文件,一个以 mdf 为扩展名,称为数据文件,用以保存数据库的数据;一个以 ldf 为扩展名,称为日志文件,用以保存数据库的日志内容。SQL Server 可以将这两个文件复制到移动硬盘或优盘上,需要的时候可以再将其附加到数据库中,起到复原数据库的作用。

1. 利用 Management Studio 交互式工具附加数据库:对 BOOKSTORE 数据库进行附加操作

(1) 准备工作:将"D:\data"下的 BOOKSTORE_data.mdf 和 BOOKSTORE_log.ldf 文件复制到其他位置或个人 U 盘保存,再删除该数据库(仅适用于实验情景下),此时查看"D:\data"文件夹下的 BOOKSTORE_data.mdf 和 BOOKSTORE_log.ldf 文件,会发现文件已经被删除。

注意:复制文件时,要确保停止数据库服务。

(2) 使用 Management Studio 进行附加数据库操作,先将保存的 BOOKSTORE_data.mdf 和 BOOKSTORE_log.ldf 文件复制到"D:\data"文件夹里,打开 Management Studio,在"数据库"上右击,在弹出的快捷菜单上选择"附加"命令,打开"附加数据库"对话框。在"要附加的数据库"下方单击"添加",在"D:\data"文件夹里,选择要附加的主数据库文件 BOOKSTORE_data.mdf,单击"确定"按钮,即可完成数据库的附加。

刷新对象资源管理器的"数据库"对象,可查看到网上书店数据库 BOOKSTORE 已经存在。

2. 使用 SQL 语句对"BOOKSTORE"数据库进行附加操作

(1) 先将"D:\data"下的 BOOKSTORE_data.mdf 和 BOOKSTORE_log.ldf 文件复制到其他位置或个人 U 盘保存,再删除该数据库(仅适用于实验情景)。

(2) 将保存的 BOOKSTORE_data.mdf 和 BOOKSTORE_log.ldf 文件复制到 D:\data 下,再单击"新建查询"按钮,输入并运行以下语句:

```
EXEC  sp_attach_db 'BOOKSTORE', 'D:\data\BOOKSTORE_data.mdf', 'D:\data\
```

BOOKSTORE_log.ldf'

该语句调用系统存储过程 sp_attach_db,将指定位置的数据库数据文件和日志文件附加到数据库中。

※实验要求※

(1) 练习使用附加数据库功能,将图书管理数据库 LIBRARY 附加到 SQL Server 数据库中。

(2) 练习使用附加数据库功能,将教学管理数据库 SCT 附加到 SQL Server 数据库中。

(3) 练习使用附加数据库功能,将供应管理数据库 SPJ 附加到 SQL Server 数据库中。

4.5　实验 5　数据库的简单查询实验

※实验目的※

(1) 熟练掌握 SQL 查询语句 SELECT 的基本语法。

(2) 熟悉各种表达选择查询条件和展示结果目标列的方式。

(3) 理解分组的概念,熟练掌握使用 GROUP BY 子句进行分组查询。

(4) 熟练使用 ORDER BY 子句对结果进行排序。

(5) 理解和掌握各种聚集函数的作用和应用。

※实验指导※

在网上书店数据库中进行下列操作,熟悉数据库的简单查询功能。

【例 4-1】　查询全体会员的会员号、姓名、地址,用中文显示表头信息。

```
SELECT MID 会员号, NAME 姓名, ADDR 地址
FROM MEMBER;
```

【例 4-2】　查询全部图书的详细信息。

```
SELECT ISBN, BNAME, AUTHOR, PUB, PRICE, DISC, CPRICE, BQTY
FROM BOOK;
```

或

```
SELECT *
FROM BOOK;
```

【例 4-3】　查询全部图书的折扣信息,并且将输出结果的列名显示为"折扣"。

```
SELECT ISBN 书号, BNAME 书名, DISC 折扣
FROM BOOK;
```

【例 4-4】 查询下过订单的会员号。

解析：下过订单的会员其会员号在订单表 BOOKORDER 中可以查询到。

```
SELECT DISTINCT MID
FROM BOOKORDER;
```

如果没有指定 DISTINCT 关键词,则默认为 ALL,下过多次订单的会员号会在结果中重复出现。

```
SELECT MID
FROM BOOKORDER;
```

执行以上两条语句,看结果有何区别。

【例 4-5】 查询库存数量为 500～1000(包括 500 和 1000)的图书的书名、出版社和库存数量。

```
SELECT BNAME 书名, PUB 出版社, BQTY 库存数量
FROM BOOK
WHERE BQTY BETWEEN 500 AND 1000;
```

【例 4-6】 查询"安徽大学出版社"或"清华大学出版社"出版的图书的书名和书号。

```
SELECT BNAME 书名, ISBN 书号
FROM BOOK
WHERE PUB IN ('安徽大学出版社','清华大学出版社');
```

本例可改写为

```
SELECT BNAME 书名, ISBN 书号
FROM BOOK
WHERE PUB = '安徽大学出版社' OR PUB = '清华大学出版社';
```

【例 4-7】 查询名字中第 2 个字为"小"字的会员的姓名和 MID。

```
SELECT NAME, MID
FROM MEMBER
WHERE NAME LIKE '_小%';
```

【例 4-8】 查询"安徽大学出版社"出版的图书库存数量在 200 以下的书名。

```
SELECT BNAME 书名
FROM BOOK
WHERE PUB='安徽大学出版社' AND BQTY <200;
```

【例 4-9】 查询会员总人数。

```
SELECT COUNT(*) 会员人数
```

```
FROM MEMBER;
```

【例 4-10】 查询一次性购买了 3 本以上图书的订单号。

解析：一次性购买了 3 本以上图书，即一个订单的明细中各本图书订购数量之和大于 3。

```
SELECT OID 订单号, SUM(OQTY) 订购数量
FROM DETAIL
GROUP BY OID HAVING SUM(OQTY) >3;
```

说明：本例使用 HAVING 短语来选择满足条件的组，HAVING 短语仅作用于组，而 WHERE 子句作用于基本表或视图，从中选择满足条件的元组，两者的作用对象不同。

※实验要求※

1. 针对网上书店数据库 BOOKSTORE 进行各种简单查询

（1）查询网上书店的所有会员信息，用中文信息作为表头。

（2）查询 25 岁以下女会员信息。

（3）查询"计算机"类图书信息，用中文信息作为表头。

（4）查询图书定价在 30 元以上 50 元以下的"清华大学出版社"出版的图书信息。

（5）查询姓"张"的会员信息。

（6）查询会员号以 x 开头的会员信息。

（7）查询书名含有"数据库"的图书信息。

（8）查询书名为"数据库原理""机器学习"的图书信息。

（9）查询书号为 Q001 的图书的销售数量。

（10）查询尚未发货的订单信息。

（11）查询销售数量前三名的图书书号。

（12）查询订单金额在 200 元以上的订单信息。

（13）查询购买图书金额最大的前两名会员的会员号。

（14）分组计算每类图书的库存数量（按图书类别分组计算）。

2. 针对图书借阅数据库 LIBRARY 进行各种简单查询

（1）查询所有读者信息，用中文信息作为表头。

（2）查询年龄为 20~25 岁的女读者信息。

（3）查询馆藏的所有图书信息，用中文信息作为表头。

（4）查询"清华大学出版社"出版的书名包含"数据库"的馆藏图书信息。

（5）查询姓名中最后一个字是"晨"的读者信息。

（6）查询证件号以 17 开头的读者信息。

（7）查询书名含有"英语"的馆藏图书信息。

（8）查询"大学计算机基础"和"数据库原理"图书的信息。

（9）查询馆内编号是 R001-03 的图书的借阅情况。

（10）查询借阅日期是"2017/04/05"的借阅信息。

（11）查询罚金在 1 元以上的图书借阅信息。

（12）查询借阅图书记录最多的前三名读者的读者号。

（13）查询被借阅最多的三本图书的馆内编号。

（14）分组计算每种图书的数量（仅图书馆内编号不同，书号 ISBN、书名、作者等其他相同为一组）。

3. 针对教学管理数据库 SCT 进行各种简单查询

（1）查询"计算机"学院的学生信息。

（2）查询开设的所有课程信息。

（3）查询学分为 4 的课程信息。

（4）查询年龄为 20～21 的学生信息。

（5）查询 20 岁以下的女生信息。

（6）查询姓名中最后一个字是"军"的学生信息。

（7）查询学号以 E 开头的学生信息。

（8）查询手机尾号是 0003 的学生信息。

（9）查询职称为"教授"的 45 岁以下女教师信息。

（10）查询课程名含有"数学"的课程信息。

（11）查询"数据库""操作系统""C 语言"课程的信息。

（12）查询 CS-001 号课程的教学情况（教师号，学生号，成绩）。

（13）查询某个学生的选课情况（学生学号自定）。

（14）查询成绩 90 分以上的教学信息。

（15）查询所有选课成绩中的 2 个最高分的选课信息。

（16）查询选课门数最多的两个学生的学号。

（17）查询 CS-001 号课程的最高分、最低分、平均分。

（18）查询某学生选课的门数、平均分（学生学号自定）。

（19）按照课程号分组计算每门课程的最高分、最低分、平均分。

（20）按照学号分组计算每个学生的总分、最高分、最低分、平均分。

4. 针对供应管理数据库 SPJ 进行各种简单查询

（1）查询所有供应商的信息，用中文表头显示。

（2）查询位于北京的名称包含"星"的供应商信息。

（3）查询供应商名中最后一个字是"丰"的供应商信息。

（4）查询零件名以"螺钉"开头的零件信息。

（5）查询名称含有"车"的工程项目信息。

（6）查询名称为"螺母""螺栓""螺钉旋具"的零件信息。

（7）查询 S001 号供应商的供应情况。

（8）查询 P002 号零件的总供应量。

（9）查询 P002 号零件供应量的最大、最小和平均值。

（10）分组计算每个工程项目使用每种零件的供应量。

（11）查询供应量在 300 以上的供应信息。

（12）查询供应量最低的两个供应信息。

（13）查询供应量前三名的供应商的编号。

（14）分组统计每个供应商供应每种零件的供应量。

4.6　实验 6　数据库的连接查询实验

※实验目的※

（1）熟悉基本的连接查询的概念和作用。

（2）了解数据库管理系统 DBMS 实现连接查询的基本方法。

（3）掌握 SQL 连接查询语句的语法和功能，掌握并熟练运用连接查询语句实现数据库的多表查询应用。

※实验指导※

在网上书店数据库 BOOKSTORE 中进行下列操作，熟悉数据库的连接查询功能。

【例 4-11】　查询会员"江涛"的图书购买详情。

```
SELECT BOOKORDER.OID, ODATE, DETAIL.OQTY, BOOK.*
FROM MEMBER, BOOK, BOOKORDER, DETAIL
WHERE MEMBER.MID = BOOKORDER.MID
        AND BOOKORDER.OID = DETAIL.OID
        AND BOOK.ISBN = DETAIL.ISBN
        AND MEMBER.NAME = '江涛';
```

【例 4-12】　查询每种图书书号、书名及其销售数量。

```
SELECT BOOK.ISBN 书号, BNAME 书名, SUM(OQTY) 销售数量
FROM BOOK, DETAIL
WHERE BOOK.ISBN = DETAIL.ISBN
GROUP BY BOOK.ISBN, BNAME;
```

用自然连接完成。

```
SELECT BOOK.ISBN, BNAME, SUM(OQTY)
FROM BOOK, DETAIL
WHERE BOOK.ISBN = DETAIL.ISBN
Group by BOOK.ISBN, BNAME;
```

【例 4-13】 查询"数据库原理"图书的销售数量。

```
SELECT BOOK.ISBN 书号, BNAME 书名, SUM(DETAIL.OQTY) 销售数量
FROM BOOK, DETAIL
WHERE BOOK.ISBN = DETAIL.ISBN
        AND BOOK.BNAME = '数据库原理'
GROUP BY BOOK.ISBN, BNAME;
```

【例 4-14】 查询在 2017 年 11 月 11 日被订购的所有图书信息。

解析：由于数据库中订购日期使用的是 DATATIME 类型，因此需要将查询日期限定在'2017/11/11 00：00'～'2017/11/11 23：59'.

```
SELECT BOOK.* , ODATE
FROM BOOK, BOOKORDER, DETAIL
WHERE BOOK.ISBN = DETAIL.ISBN
AND BOOKORDER.OID = DETAIL.OID
AND ODATE BETWEEN '2017/11/11 00:00' AND '2017/11/11 23:59';
```

【例 4-15】 查询购买书号为 A002 的图书且年龄在 30 岁以下的会员。

```
SELECT MEMBER.MID, NAME
FROM MEMBER, BOOKORDER, DETAIL
WHERE MEMBER.MID = BOOKORDER.MID
        AND BOOKORDER.OID = DETAIL.OID
        AND DETAIL.ISBN = 'A002'
        AND AGE < 30;
```

【例 4-16】 按订单号列出未发货的订单详细信息（会员号，姓名，订单号，书号，书名，订购数量）。

```
SELECT MEMBER.MID 会员号, NAME 姓名, BOOKORDER.OID 订单号, BOOK.ISBN 书号, BNAME
书名, DETAIL.OQTY 订购数量
FROM MEMBER, BOOK, BOOKORDER, DETAIL
WHERE MEMBER.MID = BOOKORDER.MID
        AND BOOKORDER.OID = DETAIL.OID
        AND BOOK.ISBN = DETAIL.ISBN
        AND BOOKORDER.SDATE IS NULL
ORDER BY BOOKORDER.OID;
```

【例 4-17】 查询 0001 号订单的详细信息。

```
SELECT BOOKORDER.OID, ODATE, MEMBER.MID, NAME,
BOOK.ISBN, BNAME, OQTY
FROM MEMBER, BOOK, BOOKORDER, DETAIL
WHERE MEMBER.MID = BOOKORDER.MID
        AND BOOKORDER.OID = DETAIL.OID
        AND BOOK.ISBN = DETAIL.ISBN
```

```
          AND BOOKORDER.OID = '0001';
```

【例 4-18】　查询购买了名为"数据库原理"的图书的所有会员信息。

```
SELECT MEMBER.MID, NAME, PHONE, ADDR
FROM MEMBER, BOOK, BOOKORDER, DETAIL
WHERE MEMBER.MID =BOOKORDER.MID
        AND BOOKORDER.OID =DETAIL.OID
        AND BOOK.ISBN =DETAIL.ISBN
        AND BOOK.BNAME ='数据库原理';
```

【例 4-19】　在网上书店数据库中使用左外连接查询每本图书及其销售情况。
解析：查询结果中未销售的图书也会被列出。

```
SELECT BOOK.ISBN, BNAME, DETAIL.ISBN, AUTHOR, PUB,
PRICE, CPRICE, BQTY, OID, OQTY
FROM BOOK LEFT OUTER JOIN DETAIL ON (BOOK.ISBN =DETAIL.ISBN);
```

【例 4-20】　在网上书店数据库中使用右外连接查询每个订单及下单会员信息。
解析：查询结果中未下单的会员也会被列出。

```
SELECT OID, BOOKORDER.MID, ODATE, SDATE, AMOUNT, MEMBER. *
FROM BOOKORDER FULL JOIN MEMBER ON (BOOKORDER.MID =MEMBER.MID);
```

※实验要求※

1. 针对网上书店数据库 BOOKSTORE 进行各种连接查询

（1）查询网上书店的所有会员的订单信息。

（2）查询图书定价在 30 元以上 50 元以下的"清华大学出版社"出版的图书订单信息。

（3）查询姓"夏"的会员的订单。

（4）查询会员号以 t 开头的会员的订单详情。

（5）查询书名含有"英语"的图书的订单。

（6）查询未发货的订单明细信息及订购会员信息。

（7）查询书名为"机器学习"的图书的销售数量。

（8）查询单笔订单金额在 300 元以上的订单及订购会员信息。

（9）查询购买图书金额最大的前三名会员的会员信息。

（10）分组计算每类图书的销售数量（按图书类别分组计算）。

2. 针对图书借阅数据库 LIBRARY 进行各种连接查询

（1）查询"李伟"同学的图书借阅情况。

（2）查询书名为"数据库课程设计"图书的借阅情况。

（3）查询书名为"数据库原理"图书的借阅次数。

（4）查询"李晓明"同学借阅的图书的馆内编号。

（5）查询"李晓明"同学借阅图书的总次数。

（6）查询清华大学出版社出版的图书的借阅情况。

（7）查询作者为"孙鑫"的图书的借阅情况。

（8）查询借阅罚金单次大于 1 的所有图书的情况（结果含馆内编号、图书名，罚金）。

（9）查询所有借阅的详细情况（结果含馆内编号、图书名，罚金）。

（10）查询借阅"VC++ 深入详解"图书罚金前三名会员的信息。

3. 针对教学管理数据库 SCT 进行各种连接查询

（1）查询"王红"同学的选课情况，结果包含姓名、课程名、学分。

（2）查询"数据库"课程的选课名单，结果包含学号、姓名。

（3）查询教"C 语言"课程的教师的信息。

（4）给出"C 语言"课程的成绩单，按成绩从高到低排序。

（5）查询"C 语言"课程成绩前三名的信息。

（6）查询"C 语言"课程的最高分、最低分、平均分。

（7）查询"林美"同学各门课程的最高分、最低分、平均分。

（8）查询"王平"同学选课获得的学分情况（成绩及格才能获得学分）。

（9）查询"C 语言"课程成绩不及格的学生名单（结果含课程名、学号、学生名、成绩）。

（10）查询选课成绩不及格的情况，按课程名排序（结果含课程名、学生名、成绩）。

（11）查询所有课程教学的详细情况（结果含课程名、学生名、成绩）。

4. 针对供应管理数据库 SPJ 进行各种连接查询

（1）查询 S001 号供应商的供应信息（结果含供应商名、项目名、零件名、供应量）。

（2）查询位于北京供应商的供应信息（结果含供应商名、项目名、零件名、供应量）。

（3）查询颜色为"红"色的零件供应信息（结果含供应商名、项目名、零件名、供应量）。

（4）查询供应工程"长春一汽"零件的供应商信息。

（5）查询供应工程"长春一汽"零件"螺母"的供应商信息。

（6）查询"螺钉旋具"零件的供应信息（结果含供应商名、项目号、零件号、供应量）。

（7）查询"北京启明星"供应商的供应信息（结果含供应商名、项目号、零件号、供应量）。

（8）查询供应量为 200～400 的供应信息（结果含供应商名、项目名、零件名、供应量）。

（9）查询供应量最大的两个供应信息（结果含供应商名、项目名、零件名、供应量）。

（10）查询使用"天津"供应商供应的零件的工程信息。

（11）查询工程"长春一汽"使用的零件的供应商信息。

4.7 实验7 数据库的嵌套与集合查询实验

※**实验目的**※

（1）理解并掌握子查询的概念和作用。
（2）掌握 DBMS 实现嵌套查询的基本方法和应用。
（3）掌握 DBMS 实现集合查询的基本方法和应用。
（4）学习、掌握并熟练运用使用嵌套查询与集合查询实现数据查询的各种方法。

※**实验指导**※

【**例 4-21**】 查询与 G003 号图书是同一个出版社出版的图书。

此查询要求可以分步来完成。

① 确定 G003 所在出版社名。

```
SELECT PUB
FROM BOOK
WHERE ISBN ='G003';
```

结果为：高等教育出版社

② 查找所有在高等教育出版社出版的图书。

```
SELECT ISBN, BNAME, ISBN, PUB
FROM BOOK
WHERE PUB='高等教育出版社';
```

将第一步查询嵌入到第二步查询的条件中，构成嵌套查询：

```
SELECT ISBN, BNAME, PUB
FROM BOOK
WHERE PUB IN (SELECT PUB
             FROM BOOK
             WHERE ISBN ='G003');
```

此嵌套查询为不相关子查询。

【**例 4-22**】 查询购买了图书名为"数据库原理"的会员号和姓名。

```
SELECT MID, NAME
FROM MEMBER
WHERE MID IN (SELECT MID
             FROM BOOKORDER, DETAIL
             WHERE BOOKORDER.OID=DETAIL.OID
             AND ISBN IN (SELECT ISBN
```

```
                    FROM BOOK
                    WHERE BNAME='数据库原理'));
```

本题也可以用连接查询实现：

```
SELECT MEMBER.MID, NAME
FROM MEMBER, BOOK, BOOKORDER, DETAIL
WHERE MEMBER.MID =BOOKORDER.MID
AND BOOKORDER.OID =DETAIL.OID
AND BOOK.ISBN =DETAIL.ISBN
AND BOOK.BNAME='数据库原理';
```

【例 4-23】 查询其他出版社中比清华大学出版社所有图书库存数量都小的图书书名、出版社及库存数量。

方法一：用 ALL 谓词进行查询。

```
SELECT BNAME, PUB, BQTY
FROM BOOK
WHERE BQTY <ALL (SELECT BQTY
                 FROM BOOK
                 WHERE PUB='清华大学出版社')
AND PUB < >'清华大学出版社';
```

方法二：用聚集函数进行查询。

```
SELECT BNAME, PUB, BQTY
FROM BOOK X
WHERE X.BQTY < (SELECT MIN(BQTY)
               FROM BOOK Y
               WHERE Y.PUB='清华大学出版社')
AND X.PUB <>'清华大学出版社';
```

【例 4-24】 查询所有购买了书号为 A001 的图书的会员姓名。

方法一：用嵌套查询。

```
SELECT NAME
FROM MEMBER
WHERE EXISTS (SELECT *
             FROM BOOKORDER, DETAIL
             WHERE BOOKORDER.OID =DETAIL.OID
             AND BOOKORDER.MID =MEMBER.MID
             AND DETAIL.ISBN='A001');
```

方法二：用连接查询。

```
SELECT DISTINCT NAME
FROM MEMBER, BOOKORDER, DETAIL
WHERE MEMBER.MID =BOOKORDER.MID
```

```
AND BOOKORDER.OID =DETAIL.OID
AND DETAIL.ISBN ='A001';
```

【例 4-25】 查询没有购买 A001 号图书的会员姓名。

```
SELECT NAME
FROM MEMBER
WHERE NOT EXISTS (SELECT *
                  FROM BOOKORDER, DETAIL
                  WHERE BOOKORDER.OID =DETAIL.OID
                  AND BOOKORDER.MID =MEMBER.MID
                    AND DETAIL.ISBN ='A001');
```

【例 4-26】 查询与"机器学习"是同一个出版社出版的图书。

```
SELECT ISBN, BNAME, PUB
FROM BOOK B1
WHERE EXISTS (SELECT *
              FROM BOOK B2
              WHERE B2.PUB =B1.PUB
              AND B2.BNAME ='机器学习');
```

【例 4-27】 查询至少购买了全部"文学"类图书的会员号。

本例实际上是查询会员号,只要是"文学"类的图书,该会员都购买了,亦即不存在任意一本"文学"类图书,该会员没有买。

```
SELECT DISTINCT MID
FROM BOOKORDER ORDERX
WHERE NOT EXISTS (SELECT *
                  FROM BOOK
                  WHERE CATE ='文学'
                  AND NOT EXISTS (SELECT *
                                  FROM BOOKORDER ORDERY, DETAIL
                                  WHERE ORDERY.OID =DETAIL.OID
                                  AND DETAIL.ISBN =BOOK.ISBN
                                  AND ORDERY.MID =ORDERX.MID));
```

【例 4-28】 查询无人购买的图书信息。

```
SELECT *
FROM BOOK
WHERE NOT EXISTS (SELECT *
                  FROM BOOKORDER, DETAIL
                  WHERE BOOKORDER.OID =DETAIL.OID
                  AND DETAIL.ISBN =BOOK.ISBN);
```

或者使用如下语句:

```
SELECT *
FROM BOOK
WHERE ISBN NOT IN (SELECT ISBN
                   FROM DETAIL);
```

【例 4-29】 查询购买了 A001 号或 A002 号图书的会员号。

```
SELECT MID
FROM BOOKORDER, DETAIL
WHERE BOOKORDER.OID = DETAIL.OID
AND DETAIL.ISBN = 'A001'
UNION
SELECT MID
FROM BOOKORDER, DETAIL
WHERE BOOKORDER.OID = DETAIL.OID
AND DETAIL.ISBN = 'A002';
```

【例 4-30】 查询"清华大学出版社"的图书与库存数量不大于 500 的图书的交集。

```
SELECT *
FROM BOOK
WHERE PUB = '清华大学出版社'
INTERSECT
SELECT *
FROM BOOK
WHERE BQTY <= 500;
```

本例实际上就是查询"清华大学出版社"中库存数量不大于 500 的图书。

```
SELECT *
FROM BOOK
WHERE PUB= '清华大学出版社'
AND BQTY <= 500;
```

【例 4-31】 查询购买 A001 号图书会员集合与购买 A002 号图书会员号集合的交集。

```
SELECT DISTINCT MID
FROM BOOKORDER, DETAIL
WHERE BOOKORDER.OID = DETAIL.OID
AND ISBN = 'A001'
INTERSECT
SELECT MID
FROM BOOKORDER, DETAIL
WHERE BOOKORDER.OID = DETAIL.OID
AND ISBN = 'A002';
```

本例实际上是查询同时购买了 A001 和 A002 号图书的会员号。

```
SELECT DISTINCT MID
FROM BOOKORDER, DETAIL
WHERE BOOKORDER.OID =DETAIL.OID
AND ISBN = 'A001'
AND MID IN (SELECT MID
            FROM BOOKORDER, DETAIL
            WHERE BOOKORDER.OID =DETAIL.OID
            AND ISBN = 'A002');
```

【例 4-32】 查询"清华大学出版社"的图书与库存数量不大于 200 本的图书的差集。

```
SELECT *
FROM BOOK
WHERE PUB = '清华大学出版社'
EXCEPT
SELECT *
FROM BOOK
WHERE BQTY <=200;
```

本例实际上是查询"清华大学出版社"的库存数量大于 200 的图书。

```
SELECT *
FROM BOOK
WHERE PUB = '清华大学出版社'
AND BQTY >200;
```

※实验要求※

1. 针对网上书店数据库 BOOKSTORE 进行各种嵌套查询或集合查询

(1) 查询网上书店的所有会员的订单信息。

(2) 查询图书定价 50 元以上的"清华大学出版社"出版的图书订单信息。

(3) 查询姓"刘"的会员的订单。

(4) 查询会员号以 y 开头的会员的订单详情。

(5) 查询书名含有"文化"的图书的订单详情。

(6) 查询尚未发货的订单明细信息及订购会员信息。

(7) 查询书名为"刘文典全集"的图书的销售数量。

(8) 查询单笔订单金额在 50 元以下的订单及订购会员信息。

(9) 查询购买图书总金额最大的前两名会员的会员信息。

(10) 分组计算每类图书的销售数量(按图书类别分组计算)。

(11) 查询销售数量最多的三本图书的详细信息。

(12) 查询购买了"数据库原理"或者"机器学习"图书的会员信息。

(13) 查询购买了"数据库原理"和"机器学习"图书的会员信息。

（14）查询购买了"英语名篇诵读与赏析"但是未购买"礼乐文化与象征"图书的会员信息。

2. 针对图书借阅数据库 LIBRARY 进行各种嵌套查询或集合查询

（1）查询借阅了"数据库原理"图书的读者信息。

（2）查询借阅了至少一本与"李晓明"读者借阅的相同图书的读者信息。

（3）查询读者"李晓明"与读者"王静"的借阅信息（结果含馆内编号、证件号等）。

（4）查询借阅了"王小虎"所借阅的所有图书的读者信息。

（5）查询至少借阅了"数据库原理"与"VC++深入详解"图书的读者信息。

（6）查询图书类型为"文学类"或"历史类"的图书信息。

（7）查询超期罚款总金额为 1～5 元的读者信息。

（8）查询无人借阅的图书信息。

（9）查询借阅过"数据库原理"或"VC++深入详解"图书的读者信息。

（10）查询借阅过"VC++深入详解"图书并且无超期罚款的读者信息。

（11）查询"李晓明"与"于晓光"借阅"清华大学出版社"出版的图书信息。

（12）查询借阅过"清华大学出版社"出版的图书而未借阅"安徽大学出版社"出版的图书的读者信息。

（13）查询图书类型是"计算机类"并且出版社是"清华大学出版社"的图书信息。

（14）查询借阅图书超期未还天数在 10 天以上的读者信息。

（15）查询被借阅的图书馆内编号中包含 D 的所有图书信息。

3. 针对教学管理数据库 SCT 进行各种嵌套与集合查询

（1）查询选修了"数据库"课程的学生信息。

（2）查询与"李维"在同一个院系的学生选课信息。

（3）查询"王平"与"林美"的选课信息（结果含姓名、课程名、成绩）。

（4）查询与"王丽"职称相同的女教师信息。

（5）查询教师"周小平"和"王建宁"的授课信息。

（6）查询选修了"李维"所选的所有课程的学生信息。

（7）查询至少选修了"数据库""C 语言"课程的学生信息。

（8）查询"计算机"学院与"电子"学院的女学生信息。

（9）查询选修了"C 语言"但是未选修"数据库"课程的学生名单。

（10）查询学分是 3 或 4 的课程信息。

（11）查询无人选修的课程的详细信息。

（12）查询选修了教师"丁伟力"所授课程的学生的成绩单。

4. 针对供应管理数据库 SPJ 进行各种嵌套与集合查询

（1）查询使用了 S001 号供应商供应的零件的工程项目信息。

（2）查询供应零件"螺钉旋具"的供应商信息。

（3）查询供应商"北京新天地"的所有客户（工程项目）的信息。

（4）查询供应了 J003 号工程 P002 号零件的供应商信息。

（5）查询使用了"天津"供应商供应的"红色"零件的工程项目信息。

（6）查询没有使用"天津"供应商供应的"红色"零件的工程项目信息。

（7）查询使用了 S002 号供应的"螺母"零件的工程信息。

（8）查询使用了"螺母"零件的工程信息及相应供应商信息。

（9）查询给"长春一汽"项目供应零件的供应商信息和供应情况。

（10）查询给"长春一汽"项目供应"螺母"零件最多的供应商信息和供应情况。

（11）查询使用了"螺母"或"螺钉旋具"零件的工程项目信息。

（12）查询既使用了"螺母"又使用了"螺钉旋具"零件的工程项目信息。

（13）查询使用了"螺母"零件但没有使用"螺钉旋具"零件的工程项目信息。

（14）查询使用过所有供应商供应的零件的工程项目信息。

4.8 实验 8 数据库的综合查询实验（选做）

※实验目的※

（1）进一步巩固对 SQL 数据查询语句 SELECT 功能的理解和应用。

（2）根据实际应用需求，灵活选择不同的查询方法完成应用领域所要求的各种数据查询功能。

※实验指导※

以下例题均在网上书店数据库 BOOKSTORE 中完成。

【例 4-33】 图书表中有图书的定价和折扣信息，据此我们可以计算每本图书的实际销售价格（可以用来检查数据库中现价 CPRICE 与实际销售价是否一致）。

```
SELECT ISBN 书号, BNAME 书名, PRICE 定价, DISC 折扣,
PRICE * DISC AS 售价, CPRICE 现价
FROM BOOK;
```

在上述语句中，用 PRICE * DISC 表达式计算图书的实际销售价格。由于计算列在表中没有相应的列名，所以可以用"AS 售价"短语指定字符串"售价"作为该列的表头。

【例 4-34】 在图书表中查询库存数量不在 100～300 的图书信息。

```
SELECT *
FROM BOOK
WHERE BQTY NOT BETWEEN 100 AND 300;
```

【例 4-35】 在图书表中查询不是"外语"和"文学"类的书号和图书名称。

```
SELECT   ISBN 书号, BNAME 书名
FROM BOOK
WHERE CATE NOT IN ('外语', '文学');
```

【例 4-36】 在图书表 BOOK 中查询清华大学出版社出版的书名最后两个字为"原理"字的书号和书名。

```
SELECT   ISBN 书号, BNAME 书名
FROM BOOK
WHERE   BNAME LIKE '%原理'
AND PUB='清华大学出版社';
```

【例 4-37】 查询电子邮件地址中含有"_"的会员信息。

```
SELECT *
FROM MEMBER
WHERE EMAIL LIKE '%\_%' ESCAPE '\';
ESCAPE '\' 表示字符串中的"\"为换码字符。
```

【例 4-38】 查询图书库存情况,按库存数量降序、书号升序排列,并且只显示前十名。

```
SELECT   TOP 10 *
FROM BOOK
ORDER BY BQTY DESC, ISBN ASC;
```

【例 4-39】 查询一个订单订购的图书超过三种的会员号与会员名。

解析:会员一次订购为一个订单,可以购买多种不同的图书(按书号 ISBN)。

```
SELECT   BOOKORDER.OID 订单号, BOOKORDER.MID 会员号, NAME 会员名, COUNT(*) 订购种类
FROM BOOKORDER, DETAIL, MEMBER
WHERE BOOKORDER.OID =DETAIL.OID
AND MEMBER.MID =BOOKORDER.MID
GROUP BY BOOKORDER.OID, BOOKORDER.MID, NAME
HAVING COUNT(*) >=3
```

【例 4-40】 查询一次订购图书超过三本的订单的会员号与会员名。

解析:会员一次订购为一个订单,可以购买多种不同的图书(按书号 ISBN),每种书的订购数量保存在 DETAIL 表的 OQTY 属性中。

```
SELECT   BOOKORDER.OID 订单号, BOOKORDER.MID 会员号, NAME 会员名, SUM(OQTY) 订购数量
FROM BOOKORDER, DETAIL, MEMBER
WHERE BOOKORDER.OID =DETAIL.OID
AND MEMBER.MID =BOOKORDER.MID
GROUP BY BOOKORDER.OID, BOOKORDER.MID, NAME
HAVING SUM(OQTY) >=3;
```

【例 4-41】　查询购买过"数据库原理"图书,并且单次购买金额在 300 元以上的会员信息。

解析:本例要求查询会员信息,该会员有购买金额在 300 元以上的订单且购买过"数据库原理"图书,所以可以在购买金额 300 元以上的订单的会员中找购买"数据库原理"图书记录的会员。

```
SELECT MEMBER.MID, MEMBER.NAME, MEMBER.PHONE, MEMBER.ADDR
FROM MEMBER, BOOKORDER BO1
WHERE MEMBER.MID =BO1.MID
AND BO1.AMOUNT >=300
AND EXISTS (SELECT *
            FROM DETAIL, BOOK, BOOKORDER BO2
            WHERE BO2.MID =MEMBER.MID
            AND BO2.OID =DETAIL.OID
            AND DETAIL.ISBN =BOOK.ISBN
            AND BOOK.BNAME ='数据库原理');
```

【例 4-42】　用嵌套查询方法查询购买了清华大学出版社出版的图书的会员号和会员名。

```
SELECT MID 会员号, NAME 会员名
FROM MEMBER
WHERE MID IN (SELECT DISTINCT MID
             FROM BOOKORDER
             WHERE OID IN  (SELECT DISTINCT OID
                            FROM DETAIL
                            WHERE ISBN IN (SELECT ISBN
                                           FROM BOOK
                                           WHERE PUB ='清华大学出版社')))
```

【例 4-43】　找出每个会员超出其平均订购金额的订单号、订购日期和金额(即其所有订单中金额较大的)。

```
SELECT MID 会员号, OID 订单号, ODATE 订购日期, AMOUNT 订购金额
FROM BOOKORDER B1
WHERE AMOUNT >= (SELECT AVG(AMOUNT)
                FROM BOOKORDER B2
                WHERE B1.MID =B2.MID);
```

【例 4-44】　查询其他类型图书中比"计算机"类中某一本图书定价低的图书名称和类型。

```
SELECT BNAME 书名, CATE 类型
FROM BOOK BOOKX
WHERE BOOKX.PRICE >ANY (SELECT BOOKY.PRICE
                       FROM BOOK BOOKY
```

WHERE CATE ='计算机')

AND CATE < >'计算机';   /＊父查询块中的条件,限定其他类型＊/

【例 4-45】 查询没有购买"数据库原理"图书的会员名。

```
SELECT MID, NAME
FROM MEMBER
WHERE NOT EXISTS (SELECT *
                FROM BOOKORDER, DETAIL, BOOK
                WHERE BOOKORDER.MID =MEMBER.MID
                AND BOOKORDER.OID =DETAIL.OID
                AND DETAIL.ISBN =BOOK.ISBN
                AND BOOK.BNAME = '数据库原理');
```

【例 4-46】 查询所有会员都购买了的图书信息。

解析：查询所有会员都购买了的图书信息,可以转换成另一种表达：查询图书,不存在任何会员没买该图书,这样就可以用存在量词实现查询。

```
SELECT *
FROM BOOK
WHERE NOT EXISTS (SELECT *
                FROM MEMBER
                WHERE NOT EXISTS (SELECT *
                                FROM BOOKORDER, DETAIL
                                WHERE BOOKORDER.OID =DETAIL.OID
                                AND DETAIL.ISBN =BOOK.ISBN
                                AND BOOKORDER .MID =MEMBER.MID));
```

注意：给出的案例数据中没有图书符合本例条件,此语句执行结果为空集,读者可以自行添加适当的案例数据来验证语句的正确性。

【例 4-47】 查询至少购买了会员 taoj 购买的全部图书的会员号和会员名。

解析：本例查询可以用逻辑蕴含表达：查询会员号为 x 的会员,对所有的图书 y,只要 taoj 会员购买了图书 y,则 x 也购买了 y。

形式化表示：

用 p 表示谓词"会员"taoj"购买了图书 y"

用 q 表示谓词"会员 x 购买了图书 y"

则上述查询为：$(\forall y)$ p→q

等价变换步骤：

$(\forall y)p{\rightarrow}q \equiv \neg(\exists y(\neg(p{\rightarrow}q)))$

$\equiv \neg(\exists y(\neg(\neg p \vee q)))$

$\equiv \neg\exists y(p \wedge \neg q)$

变换后的语义：查询会员 x,不存在这样的图书 y,会员 taoj 购买了 y,而会员 x 没有购买。

用 NOT EXISTS 谓词表示的 SQL 语句如下：

```
SELECT MID 会员号, NAME 会员名
FROM MEMBER
WHERE NOT EXISTS (SELECT *
                  FROM BOOK
                  WHERE EXISTS (SELECT *
                                FROM BOOKORDER BO1, DETAIL D1
                                WHERE BO1.MID = 'taoj'
                                AND BO1.OID = D1.OID
                                AND D1.ISBN = BOOK.ISBN)
                  AND NOT EXISTS (SELECT *
                                  FROM BOOKORDER BO2, DETAIL D2
                                  WHERE BO2.MID = MEMBER.MID
                                  AND BO2.OID = D2.OID
                                  AND D2.ISBN = BOOK.ISBN))
AND MID <> 'taoj';
```

注意：给出的案例数据中没有图书符合本例条件，此语句执行结果为空集，读者可以自行添加适当的案例数据来验证语句的正确性。

※实验要求※

1. 针对网上书店数据库 BOOKSTORE 进行各种综合查询

(1) 查询网上书店数据库的所有图书信息，用中文表名显示结果。

(2) 查询图书定价在 50 元以上的高等教育出版社出版的计算机类图书的订购信息。

(3) 查询姓"陈"的会员的订单及明细信息，用中文表名显示结果。

(4) 查询会员号以 x 开头的会员 2017 年的订单信息（包含明细信息）。

(5) 查询"计算机"类打折的图书的销售信息。

(6) 查询尚未发货的订单明细信息及订购的图书信息，为发货做准备。

(7) 查询书名中包含"名篇诵读"的图书的详细销售信息。

(8) 查询单笔订单金额在 100 元以上 200 元以下的订单及订购会员信息。

(9) 查询图书订单金额最大的前三名中包含的图书的详细信息。

(10) 查询累计销售数量前三名的图书所在的订单信息。

(11) 分组计算每类图书的销售数量和金额（按图书类别分组计算）。

(12) 查询购买了"计算机"类或"文学"类图书的会员信息。

(13) 查询购买过"计算机"类和"文学"类图书的会员信息。

(14) 查询购买了"计算机"类，但是未购买"文学"类图书的会员信息。

(15) 分组统计会员购买各种图书（按书号）的数量和金额。

2. 针对图书借阅数据库 LIBRARY 进行各种综合查询

(1) 查询年龄最小的三位读者信息，用中文显示表头。

（2）查询被借阅次数最多的三本图书信息。

（3）查询借阅图书记录最多的前三位读者及其借阅记录。

（4）查询借阅了"大学计算机基础"和"VC++深入详解"图书的读者信息。

（5）查询借阅了被借阅次数最多图书的读者信息。

（6）查询图书"数据库原理"和"数据库课程设计"的借阅历史。

（7）查询至少借阅了"王小虎"所借阅的所有图书的读者信息。

（8）统计所有读者的借阅记录次数和罚金数额。

（9）统计所有图书的借阅次数和该图书产生的罚金数额。

（10）查询所有图书类型为"计算机类"或"外语类"的图书的借阅信息。

（11）查询有累计超期罚款金额在2元之上的读者信息。

（12）查询已经借出但尚未归还的图书信息及当前借阅读者信息。

（13）查询人民出版社出版的图书的借阅情况。

（14）查询借阅了"数据库原理"图书并且超期未还的读者信息。

（15）查询"计算机类"并且出版社是电子工业出版社的图书的借阅信息。

（16）查询超期天数在10天以上的图书借阅明细信息。

3. 针对教学管理数据库 SCT 进行各种综合查询

（1）查询"电子"学院教师信息，用中文表头显示结果。

（2）显示所有课程的信息并计算学时数（每18学时为1个学分）。

（3）查询还没有选课的学生的信息。

（4）查询"计算机"学院年龄最小的学生信息。

（5）查询与"丁伟力"在同一个院系工作的教师信息。

（6）查询选修了教师"王丽"所授课程的学生的成绩单。

（7）查询"数据库"与"C语言"课程的教学成绩登记表。

（8）查询教师"丁伟力"和"周小平"的授课信息。

（9）查询至少选修了学生"李维"所选的所有课程的学生信息。

（10）查询至少选修了"专业英语一""C语言"课程的学生信息。

（11）查询选修了"数据库"但是未选修"操作系统"课程的学生名单。

（12）查询"专业英语一"课程的成绩单并按降序排序，用中文表头显示结果。

（13）查询学生"王红"的成绩单（显示结果表头为：姓名，课程名，教师名，成绩）。

（14）查询每个同学成绩高于其平均成绩的课程名及成绩。

（15）查询学生选修人数最多的前三门课程，要求结果包含课程名、学分、选课人数。

（16）查询"C语言"课程的授课信息及成绩前3名的学生的信息。

4. 针对供应管理数据库 SPJ 进行各种综合查询

（1）查询"北京"供应商信息，用中文显示表头。

（2）查询重量在20以上的"红"色零件信息。

（3）查询与"北京新天地"供应商在同一个城市的工程项目信息。

（4）查询使用了"北京新天地"供应商供应的零件信息和工程项目信息。

（5）查询供应有"螺钉旋具""螺母""螺栓"三种零件的供应商信息。

（6）查询使用了"螺钉旋具""螺母""螺栓"三种零件的工程项目信息。

（7）查询供应了"长春一汽"工程"螺母"零件的供应商信息。

（8）查询使用了"北京启明星"供应商供应的"红"色零件的工程项目信息。

（9）查询没有使用"北京启明星"供应商供应的"红"色零件的工程项目信息。

（10）查询使用了"北京启明星"供应商供应的"螺母"零件的工程项目信息。

（11）查询使用了"北京启明星"或"北京新天地"供应商供应的零件的工程项目信息。

（12）查询同时使用了"北京启明星"和"北京新天地"两家供应商供应的零件的工程项目信息。

（13）查询使用了"北京启明星"供应商供应的零件，但未使用"北京新天地"供应商供应的零件的工程项目信息。

4.9 实验 9 数据库的数据更新实验

※实验目的※

（1）熟悉数据更新操作的概念与操作类型。

（2）熟练掌握 INSERT、UPDATE、DELETE 语句的基本语法。

（3）熟练运用 INSERT、UPDATE、DELETE 语句实现数据的插入、修改与删除操作。

※实验指导※

1. 插入数据实验

【例 4-48】 将一个新图书元组（书号 ISBN：U001；书名：数据库课程设计；定价：50；现价：50；库存数量：100）插入到网上书店数据库 BOOKSTORE 的图书表 BOOK 中。

```
INSERT INTO BOOK (ISBN, BNAME, PRICE, CPRICE, CATE, BQTY)
VALUES ('U001','数据库课程设计', 50, 50, '计算机',100);
```

【例 4-49】 将会员赵成的信息插入到网上书店数据库 BOOKSTORE 的会员表 MEMBER 中，具体属性值为（会员号：'zhao',密码：'******',姓名：'赵成',性别：'男',年龄：'22',电话：'12600000010',地址：'浙江杭州西湖区',邮箱：'zhao@db.com'）。

```
INSERT INTO MEMBER
VALUES ('zhao','******','赵成','男','22','12600000010','浙江杭州西湖区','zhao@db.com');
```

【例 4-50】 在网上书店数据库 BOOKSTORE 中,按出版社分别求图书的平均库存数量,并把结果存入数据库的一张表中。

第一步:建立保存图书平均库存数量的表 Book_avg。

```
CREATE TABLE Book_avg(PUB CHAR(20), AVGQTY INT);
```

第二步:向表中插入数据。

```
INSERT INTO Book_avg(PUB, AVGQTY)
SELECT PUB, AVG(BQTY) AS AVGQTY
FROM BOOK
WHERE PUB IS NOT NULL
GROUP BY PUB;
```

【例 4-51】 在网上书店数据库 BOOKSTORE 中,分别统计出每本图书的总订购金额,并把结果存入数据库的一张表中。

第一步:建立保存每本图书总订购金额的表 BOOKOrder_num。

```
CREATE TABLE BOOKOrder_num (ISBN CHAR (10), SAMOUNT MONEY);
```

第二步:向表中插入数据。

```
INSERT INTO BOOKOrder_num (ISBN, SAMOUNT)
SELECT ISBN, SUM(AMOUNT) AS SAMOUNT
FROM BOOKORDER, DETAIL
WHERE BOOKORDER.OID=DETAIL.OID
GROUP BY ISBN;
```

【例 4-52】 分别统计每位会员的图书订购总额,并把结果存入数据库的表中。

第一步:建立保存每位会员的图书订购总额的表 Amo_member。

```
CREATE TABLE Amo_member (MID CHAR(4), MAMOUNT MONEY);
```

第二步:向表中插入数据。

```
INSERT INTO Amo_member (MID, MAMOUNT)
SELECT MID, SUM(AMOUNT) AS MAMOUNT
FROM BOOKORDER
GROUP BY MID;
```

2. 修改数据实验

【例 4-53】 将网上书店数据库 BOOKSTORE 图书表 BOOK 中书号为 U001 的图书库存数量改为 500。

```
UPDATE BOOK
SET BQTY =500
WHERE ISBN ='U001';
```

【例 4-54】 将网上书店数据库 BOOKSTORE 图书表 BOOK 中所有图书的库存数量增加 100。

```
UPDATE BOOK
SET BQTY =BQTY +100;
```

【例 4-55】 将北京大学出版社出版的全体图书的库存清零。

```
UPDATE BOOK
SET BQTY =0
WHERE PUB= '北京大学出版社';
```

3. 删除数据实验

【例 4-56】 删除会员"江涛"的信息。

删除会员"江涛"的信息,为保证数据库的数据一致性,必须先删除其订单信息,而删除订单,则必须先删除该订单的明细信息,最后才能删除会员信息。

第一步:删除订单明细信息。

```
DELETE
FROM DETAIL
WHERE OID IN (SELECT OID
            FROM BOOKORDER, MEMBER
            WHERE BOOKORDER.MID =MEMBER.MID
            AND MEMBER.NAME= '江涛');
```

第二步:删除订单信息。

```
DELETE
FROM BOOKORDER
WHERE BOOKORDER.MID IN (SELECT MID
                       FROM MEMBER
                       WHERE MEMBER.NAME= '江涛');
```

第三步:删除会员"江涛"的信息。

```
DELETE
FROM MEMBER
WHERE MEMBER.NAME= '江涛';
```

※ 实验要求 ※

1. 针对网上书店数据库 BOOKSTORE 进行各种数据更新操作(有些操作需要分步进行)

(1) 新加入一名会员信息为(会员号:'hqin',密码:'******',姓名:'秦浩',电话:'12600000011',地址:'安徽合肥长江路')。

(2) 新上架 200 本"数据库原理实验"图书,ISBN 为 U002,定价为 35 元,不打折。

(3) 会员 hqin 下单购买图书,订单号为:0008,购买图书书号 ISBN 为 U002 的图书 2 本、书号 ISBN 为 Q001 的图书 1 本,将该条订购记录添加到对应的表当中(涉及 2 个数据表)。

(4) 统计所有图书的销售数量,保存到一张表中。

(5) 统计所有会员购买图书的数量和金额,保存到一张表中。

(6) 将图书"机器学习"的出版社修改为"安徽大学出版社"。

(7) 修改书号为 U002 的图书信息,将图书的出版社改为"机械工业出版社"。

(8) 将"机械工业出版社"的图书的库存数量清零。

(9) 将 hqin 会员电话改为 12600000012,地址改为"安徽合肥黄山路"。

(10) 删除会员号 hqin 的会员信息。

2. 针对图书借阅数据库 LIBARARY 进行各种数据更新(有些操作需要分步进行)

(1) 新加入一位读者,姓名为"秦浩",电话为 12500000011,设置读者号为 18010。

(2) 新购进一本清华大学出版社出版的"数据库原理实验"图书,书号 ISBN 为 Q003,作者为"张敏",定价为 35 元,B02 类型,将其馆内编号设置为 Q003-01。

(3) 读者号 18010 借阅图书馆内编号为 Q003-01 的图书,借阅日期为实验当天。

(4) 修改馆内编号为 Q003-01 的图书的作者为"张丽"。

(5) 将"数学类"图书类型的描述清空。

(6) 证件号 18007 的读者实验当天归还其所借阅的全部图书,请做相应处理。

(7) 按读者证件号统计每位读者的图书借阅次数,保存到数据库中。

(8) 统计每位读者的超期罚款金额,保存到数据库的一个表中。

(9) 删除证件号 18010 的读者,作相应处理。

(10) 删除馆内编号为 Q003-01 的图书。

3. 针对教学管理数据库 SCT 进行各种数据更新(有些操作需要分步进行)

(1) "计算机"学院"软件"专业新进一名男生,学号:E20180001,姓名:张成,年龄:19,电话:12700000010。

(2) 新开一门"计算机网络"课程作为"选修"课,课程号为 CS-005,学分为 3 分。

(3) 学号 E20180001 的学生选修 92001 号教师开设的 CS-005 号课程。

(4) 学号 E20160120 的学生选修 92001 号教师开设的"计算机网络"课程。

(5) 将"计算机"学院学生的年龄加 1 岁。

(6) 将"数据库"课程的学分改为 2。

(7) 将所有成绩小于 60 分的学生的成绩加 10 分,并把结果存入数据库。

(8) 修改学号为 E20180001 的学生信息,将姓名改为'王红',性别改为"女"。

(9) 教师"王建宁"的职称晋升为"教授",请在数据库中进行修改。

(10) 插入 E20180001 选修 CS-001 号课程的选课记录,成绩为空值。

(11) 删除 E20160120 选修"计算机网络"课程的选课记录。

（12）教师"王建宁"开设的"计算机网络"课程因选课人数不达标而停开,请删除处理。

（13）统计所有学生选课的平均成绩,保存到一张表中(先建表)。

（14）统计所有课程的最高分、最低分和平均分,保存到一张表中(先建表)。

4. 针对供应管理数据库 SPJ 进行各种数据更新(有些操作需要分步进行)

（1）插入一个"上海"供应商"上海大江电子"的信息,编号：S008,等级 C。

（2）插入一个零件"开关"的信息,编号：P008,颜色"红"。重量：40。

（3）插入一个"上海"的工程项目"梅陇电子"的信息,编号：J008。

（4）插入 S008 供应项目 J008 零件 P008 的信息,供应量为 500。

（5）将零件 P008 的颜色改为"黄"色。

（6）将工程 J008 的城市改为"合肥"。

（7）将 S008 供应商供应工程 J008 零件 P008 的供应量改为 300。

（8）修改供应量大于 500 的供应详情,将供应量再增加 100。

（9）将 J001 项目的最大供应量降为原来的一半。

（10）删除项目 J008 的所有供应信息。

（11）删除 S008 供应商信息(注意其供应信息)。

（12）删除零件 P008 的信息(注意其供应信息)。

（13）删除项目 J008 的信息(注意其供应信息)。

（14）统计所有供应商供应量的最大、最小和平均值,保存到一张表中(先建表)。

4.10 实验 10 视图的定义和管理实验

※实验目的※

（1）理解视图的基本概念与作用。

（2）熟练掌握创建视图的方法。

（3）熟悉通过视图访问基本表的数据的方法。

※实验指导※

1. 建立视图

【例 4-57】 建立清华大学出版社出版的图书的视图。

```
CREATE VIEW QH_BOOK1
AS
SELECT ISBN, BNAME, PRICE, CPRICE, BQTY, PUB
FROM BOOK
```

```
WHERE PUB='清华大学出版社';
```

【例 4-58】 建立清华大学出版社出版的图书的视图,并要求通过视图对图书表进行更新操作时只影响清华大学出版社出版的图书。

```
CREATE VIEW QH_BOOK2
AS
SELECT ISBN, BNAME, PRICE, CPRICE, BQTY, PUB
FROM BOOK
WHERE PUB='清华大学出版社'
WITH CHECK OPTION;
```

【例 4-59】 建立会员购买清华大学出版社图书的订单详情视图。

```
CREATE VIEW QH_DETAIL (OID, MID, ISBN, BNAME, AUTHOR, CPRICE, OQTY)
AS
SELECT DETAIL.OID, BOOKORDER.MID, BOOK.ISBN,
BNAME, AUTHOR, CPRICE, OQTY
FROM BOOK, BOOKORDER, DETAIL
WHERE PUB = '清华大学出版社'
AND BOOK.ISBN = DETAIL.ISBN
AND BOOKORDER.OID = DETAIL.OID;
```

【例 4-60】 建立购买了清华大学出版社出版的图书的会员视图。

```
CREATE VIEW QH_MEMBER (MID, NAME, ISBN, BNAME)
AS
SELECT DISTINCT MEMBER.MID, NAME, BOOK.ISBN, BOOK.BNAME
FROM MEMBER, BOOKORDER, DETAIL, BOOK
WHERE PUB = '清华大学出版社'
AND MEMBER.MID = BOOKORDER.MID
AND BOOKORDER.OID = DETAIL.OID
AND BOOK.ISBN = DETAIL.ISBN;
```

【例 4-61】 建立购买了清华大学出版社出版的书号 ISBN 为 Q001 的图书的会员视图。

```
CREATE VIEW QH_MEMBER1
AS
SELECT MID, NAME
FROM QH_MEMBER
WHERE ISBN = 'Q001';
```

【例 4-62】 定义一个打折图书的视图。

```
CREATE VIEW SALE_BOOK (ISBN, BNAME, DISC, PRICE)
AS
SELECT ISBN, BNAME, DISC, PRICE
```

```
FROM BOOK
WHERE DISC >0 AND DISC <1;
```

【例 4-63】 将图书的书号 ISBN 及其总订购数量定义为一个视图。

```
CREATE VIEW S_DETAIL (ISBN, SQTY)
AS
SELECT ISBN, SUM(OQTY) AS SQTY
FROM DETAIL
GROUP BY ISBN;
```

2. 查询视图

【例 4-64】 在清华大学出版社出版的图书的视图 QH_BOOK1 中找出库存数量小于 300 的图书。

```
SELECT ISBN, BNAME
FROM QH_BOOK1
WHERE BQTY <300;
```

数据库管理系统执行查询时进行视图消解,转换后的查询语句为

```
SELECT ISBN, BNAME
FROM BOOK
WHERE PUB ='清华大学出版社' AND BQTY <300;
```

【例 4-65】 在 S_DETAIL 视图中查询订购数量在 2 本以上的图书书号 ISBN 和订购数量。

```
SELECT *
FROM S_DETAIL
WHERE SQTY >=2;
```

数据库管理系统会将其转换为正确的对基本表的操作语句如下:

```
SELECT ISBN, SUM(OQTY)
FROM DETAIL
GROUP BY ISBN HAVING SUM(OQTY) >=2;
```

3. 通过视图更新数据

【例 4-66】 通过清华大学出版社出版图书视图 QH_BOOK1 向基本表中插入一本新书(书号 ISBN:Q010,书名:操作系统,定价:55,现价:55,数量:100,出版社:清华大学出版社);

```
INSERT INTO QH_BOOK1
VALUES('Q010', '操作系统', 55, 55, 100, '清华大学出版社');
```
执行时,DBMS 将操作转换为对基本表 BOOK 的更新:

```
INSERT INTO BOOK(ISBN, BNAME, PUB, PRICE, CPRICE, BQTY)
VALUES('Q010', '操作系统', '清华大学出版社', 55, 55, 100 );
```

解析：使用视图向表中插入一条清华大学出版社出版的一本图书数据，视图 QH_BOOK1 中增加一条记录，图书表 BOOK 中数据也增加一条记录。

如果使用视图向表中插入一条不是清华大学出版社出版的一本图书数据，视图 QH_BOOK1 无变化，图书表 BOOK 中数据增加一条记录。

```
INSERT INTO QH_BOOK1
VALUES ('Q011','操作系统',35,35,100,'安徽大学出版社');
```

【例 4-67】　通过清华大学出版社出版图书视图 QH_BOOK2 向基本表中插入一本新书（书号：ISBN：Q012，书名：操作系统，定价：55，现价：55，数量：100，出版社：清华大学出版社）；

```
INSERT INTO QH_BOOK2
VALUES('Q012', '操作系统', 55, 55, 100, '清华大学出版社');
```

如果插入数据的出版社不是清华大学出版社，则系统拒绝执行该插入操作。利用如下语句来验证：

```
INSERT INTO QH_BOOK2
VALUES('Q013', '操作系统', 55, 55, 100, '安徽大学出版社');
```

运行结果提示错误："试图进行的插入或更新已失败，原因是目标视图或者目标视图所跨越的某一视图指定了 WITH CHECK OPTION，而该操作的一个或多个结果行又不符合 CHECK OPTION 约束"。

【例 4-68】　通过清华大学出版社出版的图书视图 QH_BOOK2 修改基本表中的"数据库原理"图书信息，将图书的库存量增加 10 本。

```
UPDATE QH_BOOK2
SET BQTY =BQTY +10
WHERE BNAME ='数据库原理';
```

运行结果"1 行受影响"。可以查看图书表 BOOK 中的数据，清华大学出版社出版的"数据库原理"库存量增加了 10，而高等教育出版社出版的"数据库原理"库存量则没有变化。

【例 4-69】　删除清华大学出版社出版的图书视图 QH_BOOK1 中书名为"西方经济学"的图书记录。

```
DELETE
FROM QH_BOOK1
WHERE BNAME ='西方经济学';
DBMS 会将语句转换为对基本表的更新语句：
DELETE
FROM BOOK
```

```
WHERE BNAME ='西方经济学'
AND PUB='清华大学出版社';
```

运行结果为"1 行受影响"。可以查看图书表 BOOK 中的数据,清华大学出版社出版的"西方经济学"被删除,而高等教育出版社出版的"西方经济学"依然存在于数据库 BOOK 表当中。

注:删除该记录之前需要先删除清华大学出版社出版的"西方经济学"图书在订单详情 DETAIL 表中的记录,还应该对订单表中的订购总价进行处理,以保持数据一致性。此处理较为复杂,一般应用触发器实现或在应用程序中编程实现。

4. 删除视图定义

【例 4-70】　删除视图 QH_MEMBER1。

```
DROP VIEW QH_MEMBER1;
```

【例 4-71】　删除打折图书视图 SALE_BOOK。

```
DROP VIEW SALE_BOOK;
```

※实验要求※

1. 针对网上书店数据库 BOOKSTORE 进行各种视图操作

(1) 为了方便管理员分类管理,为类型是"计算机"的图书建立视图 COMP-BOOK。
(2) 为高等教育出版社出版的图书建立视图 GJ-BOOK。
(3) 为 llch 会员的图书订购情况建立视图 DETAIL_llch。
(4) 建立未购买任何图书的会员视图 MEMBER0。
(5) 查询订购了计算机类图书且已经发货的读者会员订单信息视图。
(6) 查询清华大学出版社出版的定价 40 元以上的图书信息。
(7) 对清华大学出版社出版的"数据库原理"图书的折扣进行修改(数值自己定)。
(8) 分别删除以上定义的各个视图。

2. 针对图书借阅数据库 LIBRARY 进行各种视图操作

(1) 为了方便管理员分类管理,为类型是"计算机"的图书建立视图 BR-S1。
(2) 为清华大学出版社出版的图书建立视图 BR-S2。
(3) 为 18007 号会员的图书借阅情况建立视图 BR-S3。
(4) 建立无借阅图书记录的会员视图 BR-S4。
(5) 查询借阅了"历史类"图书且证件已经"失效"的读者信息视图。
(6) 查询清华大学出版社出版的定价 40 元以上的图书信息。
(7) 对 BR-S3 中超期罚款进行修改(罚款金额自己定)。
(8) 分别删除以上定义的各个视图。

3. 针对教学管理数据库 SCT 进行各种视图操作

（1）建立"计算机"学院学生视图 CS_S。

（2）建立"计算机"学院女生视图 CS_S1。

（3）建立"教授"视图 PR_S。

（4）建立"计算机"学院选修 CS-001 号课程的学生视图 CS_S2。

（5）建立"计算机"学院选修"数据库"课程的学生视图 CS_S3。

（6）通过视图 CS_S1 进行修改操作，将"计算机"学院女生的年龄增加 1 岁。

（7）对 CS_S3 视图中学生的成绩进行修改（修改规则自己定）。

（8）分别删除以上定义的各个视图。

4. 针对供应管理数据库 SPJ 进行各种视图操作

（1）建立"北京"供应商视图 BJ_S。

（2）建立"北京"工程视图 BJ_J。

（3）建立"红"色零件视图 RED_P。

（4）建立"北京"供应商的供应情况视图 BJS_SPJ。

（5）建立"北京"供应商供应"北京"工程的供应情况视图 BJSJ_SPJ。

（6）建立"北京新天地"供应商的供应情况视图 WM_SPJ。

（7）将"红"色零件的重量加 1。

（8）将"北京新天地"供应商的供应数量加倍。

（9）分别删除以上定义的各个视图。

4.11　实验 11　存储过程实验（选做）

※实验目的※

（1）了解存储过程的基本概念、作用与类型。

（2）熟悉系统存储过程的功能，掌握常用系统存储过程的调用方法。

（3）学习创建本地存储过程的方法和编程技术。

※实验指导※

1. 系统存储过程的调用

【例 4-72】　查看数据库管理系统中有哪些数据库。

```
EXEC SP_DATABASES
```

【例 4-73】　查看网上书店数据库 BOOKSTORE 中的表。

```
USE BOOKSTORE
EXEC sp_tables
```

结果中包含了所有用户建立的表和系统表。

【例 4-74】　查看基本表 BOOK 的属性列。

```
EXEC sp_columns BOOK
```

【例 4-75】　查看基本表 BOOK 上定义的索引。

```
EXEC sp_helpindex BOOK
```

【例 4-76】　查看基本表 BOOK 上定义的约束。

```
EXEC sp_helpconstraint BOOK
```

【例 4-77】　查看全部的存储过程。

```
EXEC sp_stored_procedures;
```

【例 4-78】　更改表名,将基本表 BOOK 更名为 BOOKS。

```
EXEC sp_rename 'BOOK', 'BOOKS'
```

此处仅为验证语句的实验,修改成功后,请将数据库中基本表的名称恢复。

【例 4-79】　更改数据库名。将网上书店数据库 BOOKSTORE 更名为 BOOKSTORE_NEW。

```
EXEC sp_renamedb 'BOOKSTORE', 'BOOKSTORE_NEW';
```

本例只是做个练习,命令执行完成后,请将数据库名称再修改为 BOOKSTORE。

【例 4-80】　数据库帮助,查询数据库的定义信息。

```
EXEC sp_helpdb;
```

【例 4-81】　数据库帮助,查询指定网上书店数据库 BOOKSTORE_NEW 的定义信息。

```
EXEC sp_helpdb 'BOOKSTORE_NEW';
```

此处仅为验证语句的实验,修改成功后,请将数据库的名称恢复。

2. 创建本地存储过程

【例 4-82】　在网上书店数据库 BOOKSTORE 中定义一个存储过程 O_QUERY,根据用户输入的书号查询订单详情表 DETAIL 中该图书的订购信息(包括书号、书名、订购会员名、订购日期、发货日期、订购数量等)。

```
CREATE PROC O_QUERY
@ISBN CHAR(4)
```

```
AS
SELECT BOOK.ISBN, BNAME, M.NAME, BO.OID, ODATE, SDATE, OQTY
FROM MEMBER M, BOOKORDER BO, DETAIL, BOOK
WHERE M.MID =BO.MID
    AND BO.OID =DETAIL.OID
    AND DETAIL.ISBN =BOOK.ISBN
    AND DETAIL.ISBN =@ISBN;
```

其中,@ISBN 是存储过程的参数,其值可以在应用程序界面中进行输入。

调用存储过程:

```
DECLARE @ISBN CHAR(4);
EXEC O_QUERY @ISBN;                          /* @ISBN 在应用程序中赋值 */
```

或者

```
EXEC O_QUERY @ISBN ='A001';                  /* 交互式调用存储过程,@ISBN 直接赋值 */
```

【例 4-83】 在网上书店数据库 BOOKSTORE 中建立一个存储过程 Del_MID,在根据用户输入的会员号删除某个会员的信息时,自动删除相关的订单及明细记录。

```
CREATE PROC Del_MID
@MID CHAR(4)                                  /* 定义变量 */
AS
BEGIN
IF @MID<>''
IF EXISTS(SELECT * FROM MEMBER WHERE MID=@MID)  /* 检查会员号存在否 */
BEGIN
    DELETE FROM DETAIL
    WHERE OID IN
       (SELECT OID
       FROM BOOKORDER
       WHERE MID =@MID) ;                     /* 删除该会员的订购明细记录 */
    DELETE FROM BOOKORDER
    WHERE MID =@MID;                          /* 删除该会员的订购记录 */
    DELETE FROM MEMBER
    WHERE MID =@MID;                          /* 删除该会员记录 */
    PRINT '成功删除!'
END
ELSE
    PRINT '会员号为空,请重新输入!'
END
```

其中,@MID 是存储过程的参数,其值可以在应用程序界面中进行输入。

调用存储过程:

```
DECLARE @MID CHAR(4);
```

```
EXEC Del_MID @MID;                          /* @MID 在应用程序中赋值 */
```

或者

```
EXEC Del_MID @MID = 'llch';                 /* 交互式调用存储过程,@MID 直接赋值 */
```

【例 4-84】 在网上书店数据库 BOOKSTORE 中定义存储过程 M_QUERY,根据用户输入的会员号,查询数据库中该会员的订单及明细信息。

```
CREATE PROC M_QUERY
@MID CHAR(4)
AS
BEGIN
IF @MID < >''
    SELECT M.MID, M.NAME, BOOK.ISBN, BNAME, BO.OID, ODATE, SDATE, OQTY
    FROM MEMBER M, BOOKORDER BO, DETAIL, BOOK
    WHERE M.MID =BO.MID
        AND BO.MID =DETAIL.OID
        AND DETAIL.ISBN =BOOK.ISBN
        AND M.MID = @MID;
ELSE
    PRINT '会员号为空,请重新输入!'
END
```

其中,@MID 是存储过程的参数,其值可以在应用程序界面中进行输入。

调用存储过程:

```
DECLARE @MID CHAR(4);
EXEC M_QUERY   @MID;                        /* @MID 在应用程序中赋值 */
```

或者

```
EXEC M_QUERY @MID = 'jtxi';                 /* 交互式调用存储过程,@MID 直接赋值 */
```

【例 4-85】 建立一个存储过程 DETAIL_O_QTY,根据用户输入的订单号@OID,由订单详情表 DETAIL 中计算该订单订购的图书本数,通过@O_QTY 这一参数输出给调用这一存储过程的程序。

```
CREATE PROCEDURE DETAIL_O_QTY
@OID CHAR(4),
@O_QTY INT OUTPUT
AS
SELECT @O_QTY =SUM(OQTY)
FROM DETAIL
WHERE OID =@OID;
```

调用存储过程:

```
DECLARE @OID CHAR(4);
```

```
DECLARE @O_QTY INT;
EXEC DETAIL_O_QTY @OID, @O_QTY ;            /* @OID 在应用程序中赋值,@O_QTY 返回值 */
```

或者

```
EXEC DETAIL_O_QTY @OID = '0001', @O_QTY = 0;
/* 交互式调用存储过程,@OID 直接赋值;O_QTY 中存放返回值,必须赋初值 */
```

3. 查看和删除存储过程

【例 4-86】 查看已定义的存储过程 Del_MID、O_QUERY、M_QUERY 和 DETAIL_O_QTY。

```
EXEC sp_help Del_MID;
EXEC sp_help O_QUERY;
EXEC sp_help M_QUERY;
EXEC sp_help DETAIL_O_QTY;
```

【例 4-87】 删除已定义的存储过程 Del_MID、O_QUERY、M_QUERY 和 DETAIL_O_QTY。

```
DROP PROCEDURE Del_MID;
DROP PROCEDURE O_QUERY;
DROP PROCEDURE M_QUERY;
DROP PROCEDURE DETAIL_O_QTY;
```

4. 修改存储过程

存储过程定义之后,在对象资源管理器中可以看到数据库中有"存储过程"对象,单击其左边的"+"展开,可以看到已经定义的存储过程,右击需要修改的存储过程,打开快捷菜单,单击其中的"编辑",就可以对存储过程进行再次编辑,完成之后保存结果即可。

※ 实验要求 ※

1. 在图书借阅数据库 LIBRARY 中进行存储过程实验

(1) 建立一个存储过程 Del_RID,当删除图书借阅数据库 LIBRARY 中的某个读者的信息时,删除相关的借阅记录。

(2) 定义一个存储过程 B_QUERY,根据用户输入的图书的馆内编号 @BID 查询该图书的详细借阅情况。

(3) 定义一个存储过程 R_QUERY,根据输入的读者号 @RID,查询该读者在图书馆的详细借阅信息。

(4) 建立一个存储过程 BORROW_R_P,根据用户输入的读者号 @RID,查询该读者的总罚金数额,将结果通过 @R_P 参数返回给调用存储过程的程序。

（5）查看已定义的存储过程 Del_RID、B_QUERY、R_QUERY 和 BORROW_R_P 信息。

（6）删除已定义的存储过程 Del_RID、B_QUERY、R_QUERY 和 BORROW_R_P。

2. 在教学管理数据库 SCT 中进行存储过程实验

（1）建立一个存储过程 Del_TNO,当删除教学管理数据库 SCT 中教师表的某个教师信息时,删除相关的教学记录。

（2）定义一个存储过程 S_QUERY,根据用户输入的学生学号查询该学生的选课情况。

（3）定义一个存储过程 C_QUERY,根据用户输入的课程号,查询该课程的选课情况。

（4）建立一个存储过程 SPJ_S_G,根据用户输入的读者号@SNO,计算该学生学习课程的平均成绩,将结果通过@S_G 参数输出给调用这一存储过程的程序。

（5）查看已定义的存储过程 Del_TNO、S_QUERY、C_QUERY 和 SPJ_S_G 的信息。

（6）删除已定义的存储过程 Del_TNO、S_QUERY、C_QUERY 和 SPJ_S_G。

3. 在供应管理数据库 SPJ 中进行存储过程实验

（1）建立一个存储过程 Del_JNO,删除 SPJ 数据库中的某个工程的信息时,同步删除其相关的供应记录。

（2）定义一个存储过程 S_QUERY,根据用户输入的供应商号查询该供应商的供应数据。

（3）定义一个存储过程 S_P_ QUERY,根据用户输入的供应商号或零件号,查询其对应的供应明细信息。

（4）建立一个存储过程 SPJ_S_QTY,根据用户输入的供应商号@SNO,计算该供应商供应各种零件的最大供应量,通过@S_MAX_QTY 这一参数输出给调用这一存储过程的程序。

（5）查看已定义的存储过程 Del_JNO、S_QUERY、S_P_ QUERY 和 SPJ_S_QTY 的信息。

（6）删除已定义的存储过程 Del_JNO、S_QUERY、S_P_ QUERY 和 SPJ_S_QTY。

4.12　实验 12　数据库安全性实验（选做）

※实验目的※

（1）理解数据库安全性、登录名、数据库用户、角色、权限等概念。

（2）了解数据库登录名、数据库用户、角色的建立和管理方法。

（3）熟练掌握数据库管理系统权限管理的技术（授权与回收权限）。

※实验指导※

1. 创建新的登录名

【例 4-88】 使用 Management Studio 为网上书店数据库添加一个登录名 USER1。

在 Management Studio 中依次单击服务器→"安全性"→"登录名",右击登录名目录,弹出"新建登录名"命令,打开"登录名-新建"对话框,如图 4-39 所示。输入登录名 USER1,选择"SQL Server 身份验证"模式,输入密码,单击"确定"按钮,完成新建登录名。

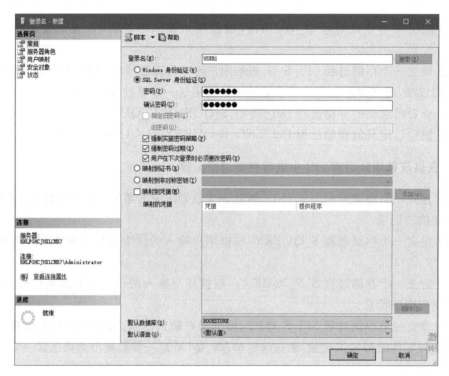

图 4-39 打开"登录名-新建"对话框

创建成功后,关闭 Microsoft SQL Server Management Studio 后重新打开,使用 USER1 登录名登录数据库,连接服务器成功。

如果 USER1 无法登录,请参阅 3.8.4 节修改服务器配置介绍,修改配置后,再使用新建的 USER1 登录名登录服务器。

【例 4-89】 使用 CREATE 语句为网上书店数据库添加一个登录名 USER2 并设置密码。

```
USE MASTER;
GO;
CREATE LOGIN USER2
WITH PASSWORD = '123456', DEFAULT_DATABASE = BOOKSTORE;
```

【例 4-90】 使用系统存储过程 SP_ADDLOGIN 为网上书店数据库添加一个登录名 USER3 并设置密码。

```
USE MASTER;
GO;
EXEC SP_ADDLOGIN 'USER3', '123456', 'BOOKSTORE';
```

2. 新建数据库用户

【例 4-91】 在 Management Studio 中为登录名 USER1 新建网上书店数据库的同名用户 USER1。

在 Management Studio 中单击 BOOKSTORE 数据库→安全性→用户,右击用户对象,在弹出的快捷菜单中单击"新建用户"命令,打开"数据库用户-新建"对话框,如图 4-40 所示。输入用户名 USER1,选择或输入已存在的登录名 USER1,单击"确定"按钮,为登录名 USER1 新建用户成功。

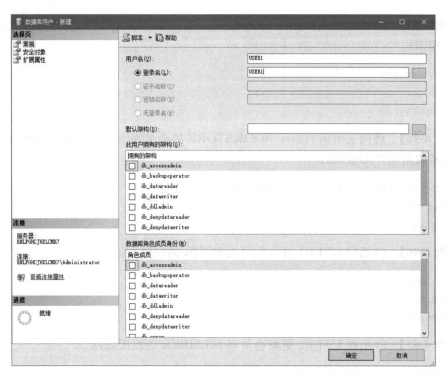

图 4-40 新建用户

可以在新建用户过程中根据实际需要勾选"此用户拥有的架构"以及"数据库角色成员身份"选项。

如果选择架构后新建的用户,当需要删除该用户时,需要先将该用户拥有的架构去除,否则会报错。执行以下语句可以去除用户拥有的架构 db_datawriter。

```
ALTER AUTHORIZATION
```

```
ON SCHEMA:: db_datawriter to dbo;
```

【例 4-92】 使用 CREATE 语句创建数据库用户 USER2 并设置密码。

```
USE BOOKSTORE;
GO;
CREATE USER USER2
FOR LOGIN USER2
WITH DEFAULT_SCHEMA = DBO;
```

【例 4-93】 使用系统存储过程 SP_GRANTDBACCESS 创建数据库用户 USER3。

```
USE BOOKSTORE;
GO;
EXEC SP_GRANTDBACCESS 'USER3', 'USER3';
```

3. 授权与回收权限

【例 4-94】 将网上书店数据库 BOOKSTORE 的图书表 BOOK 的查询权限授权给用户 USER1。

```
GRANT SELECT
ON BOOK
TO USER1;
```

【例 4-95】 将网上书店数据库 BOOKSTORE 的会员表 MEMBER 的查询和数据更新权限授权给用户 USER2。

```
GRANT SELECT, INSERT, UPDATE, DELETE
ON MEMBER
TO USER2;
```

【例 4-96】 将用户 USER1 查询图书表 BOOK 的权限收回。

```
REVOKE SELECT
ON BOOK
FROM USER1;
```

【例 4-97】 将用户 USER2 更新会员表 MEMBER 的权限收回。

```
REVOKE INSERT, UPDATE, DELETE
ON MEMBER
FROM USER2;
```

4. 数据库角色管理

【例 4-98】 在网上书店数据库 BOOKSTORE 中创建数据库角色 operator。

```
CREATE ROLE operator;
```

【例 4-99】 将网上书店数据库 BOOKSTORE 中的图书表 BOOK 上的 SELECT、INSERT、UPDATE、DELETE 权限、会员表 MEMBER 的 SELECT 权限授给角色 operator。

```
GRANT SELECT, INSERT, UPDATE, DELETE
ON BOOK
  TO operator;
GRANT SELECT
ON MEMBER
TO operator;
```

【例 4-100】 使用系统存储过程 sp_addrolemember 将用户 USER3 添加到数据库角色 operator 中。

```
USE BOOKSTORE;
GO;
EXEC sp_addrolemember 'operator', 'USER3';
```

【例 4-101】 将角色 operator 对会员表 MEMBER 的查询权限收回。

```
REVOKE SELECT
ON MEMBER
FROM operator;
```

※实验要求※

1. 在图书借阅数据库 LIBRARY 中进行安全性实验

（1）使用三种方式分别创建登录名 ENTER1、ENTER2、ENTER3，口令为 123456。

（2）使用三种方式为登录名 ENTER1、ENTER2、ENTER3 新建图书借阅数据库 LIBRARY 的用户 ENTER1、ENTER2、ENTER3。

（3）将查询读者表 READER 权限授权给用户 ENTER1。

（4）将图书分类表 BOOKCATE、图书表 BOOK 的查询和更新权限授权给用户 ENTER2。

（5）将查询和更新借阅表 BORROW 权限授权给用户 ENTER3。

（6）将用户 ENTER1 查询读者表 READER 的权限收回。

（7）创建数据库角色 librarian。

（8）将借阅表 BORROW 上的 SELECT、INSERT、UPDATE、DELETE 权限、读者表 READER 的 SELECT 权限授给角色 librarian。

（9）将用户 ENTER3 添加到数据库角色 librarian 中。

（10）将角色 librarian 对读者表 READER 的查询权限收回。

2. 在教学管理数据库 SCT 中进行安全性实验

（1）使用三种方式分别创建登录名 S1、S2、S3，密码为 123456。

（2）使用三种方式为登录名 S1、S2、S3 新建教学管理数据库 SCT 的用户 S1、S2、S3。

（3）将查询学生表 STUDENT 权限授权给用户 S1。

（4）将课程表 COURSE 查询和更新权限授权给用户 S2。

（5）将用户 S1 查询学生表 STUDENT 的权限收回。

（6）创建数据库角色 op1、op2。

（7）将教学表 SCT 上的 SELECT、INSERT、UPDATE、DELETE 权限、学生表 STUDENT 的 SELECT 权限授给角色 op1。

（8）将教学表 SCT 上的 SELECT、INSERT、UPDATE、DELETE 权限、教师表 TEACHER 的 SELECT 权限授给角色 op2。

（9）将用户 S1、S2 添加到数据库角色 op1 中，将用户 S3 添加到数据库角色 op2 中。

（10）将角色 op1 对学生表 STUDENT 的查询权限收回。

3. 在供应管理数据库 SPJ 中进行安全性实验

（1）使用三种方式分别创建登录名 SPJ1、SPJ2、SPJ3，密码为 123123。

（2）使用三种方式为登录名 SPJ1、SPJ2、SPJ3 新建供应管理数据库 SPJ 的用户 SPJ1、SPJ2、SPJ3。

（3）将供应商表 S 的查询权限授权给用户 SPJ1。

（4）将零部件表 P 的查询和更新权限授权给用户 SPJ2。

（5）将用户 SPJ1 查询供应商表 S 的权限收回。

（6）将用户 SPJ2 更新零部件表 P 的权限收回。

（7）创建数据库角色 operator。

（8）将供应情况表 SPJ 上的 SELECT、INSERT、UPDATE、DELETE 权限、供应商表 S 的 SELECT 权限授给角色 operator。

（9）将用户 SPJ3 添加到数据库角色 operator 中。

（10）将角色 operator 对零部件表 P 的查询权限收回。

4.13 实验 13 数据库完整性实验（选做）

※实验目的※

（1）理解并掌握数据库完整性概念，掌握实体完整性、参照完整性和用户定义的完整性的含义和作用。

（2）熟练掌握 SQL Server 实现实体完整性、参照完整性的机制。

（3）熟练掌握非空、唯一性和 check 等约束的定义和应用。

（4）了解默认值、规则的定义和作用，掌握触发器的定义方法和应用。

※实验指导※

1. 定义主键约束

【例 4-102】 创建网上书店数据库 BOOKSTORE,使用 SQL 语句定义会员表 MEMBER(数据库及表的结构详见 4.0 节),将其中的会员号 MID 定义为主键。

```
CREATE TABLE MEMBER
(
MID CHAR(4) PRIMARY KEY,                          /* 使用行级约束设置主键 */
PASSWD CHAR(6) NOT NULL,
NAME CHAR(8) NOT NULL,
SEX CHAR(2),
AGE SMALLINT,
PHONE CHAR(11) NOT NULL,
ADDR VARCHAR(20) NOT NULL,
EMAIL VARCHAR(20)
);
```

或者使用如下语句(表级约束):

```
CREATE TABLE MEMBER
(
MID CHAR(4),
PASSWD CHAR(6) NOT NULL,
NAME CHAR(8) NOT NULL,
SEX CHAR(2),
AGE SMALLINT,
PHONE CHAR(11) NOT NULL,
ADDR VARCHAR(20) NOT NULL,
EMAIL VARCHAR(20),
PRIMARY KEY(SNO)                                  /* 使用表级约束设置主键 */
);
```

如果主键由多个属性组成,则必须使用表级约束设置主键。

创建成功后,刷新表,可以查看到新建的会员表 MEMBER,右击会员表并选择"设计",查看表的结构,"MID"属性列左边出现 🔑 表示主键设置成功。

为验证主键列的唯一性,使用插入语句,插入一个已有的会员号。

```
INSERT
INTO MEMBER
VALUES('dgch', '******', '陈东光', '男', '24', '12600000002', '广东广州大沙东路',
'dgliu@db.com');
```

运行提示错误:"违反 PRIMARY KEY 约束"PK_MEMBE"。不能在对象"dbo.

MEMBER"中插入重复键。重复键值为（dgch）。",其中,"PK_MEMBE"为主键约束的名称,插入失败,说明主键设置成功。

2. 定义外键约束

【例 4-103】 在网上书店数据库 BOOKSTORE 中,设置订单表 BOOKORDER 中的会员号 MID 参照表 MEMBER 的主键会员号 MID,订单详情表 DETAIL 中的订单号 OID 参照表 BOOKORDER 中的主键订单号 OID,书号 ISBN 参照表 BOOK 中的主键书号 ISBN。

注意：首先确定网上书店数据库 BOOKSTORE 中已定义了会员表 MEMBER,图书表 BOOK,并分别设置了主键。

使用 SQL 语句建立订单表 BOOKORDER 如下：

```
CREATE TABLE BOOKORDER                              /*订单表*/
(
OID CHAR(4)  PRIMARY KEY,
MID CHAR(4) NOT NULL,
ODATE DATETIME NOT NULL,
SDATE DATETIME,
AMOUNT MONEY
CONSTRAINT FK_BO_MID FOREIGN KEY (MID) REFERENCES MEMBER(MID)
/*设置外键约束,命名为 FK_BOOKORDER_MID*/
);
```

使用 SQL 语句建立订单详情表 DETAIL 如下：

```
CREATE TABLE DETAIL                                 /*订单详情表*/
(
OID CHAR(4),
ISBN CHAR(4),
OQTY TINYINT
PRIMARY  KEY (OID, ISBN),
FOREIGN KEY (OID) REFERENCES BOOKORDER(OID),        /*设置外键约束*/
FOREIGN KEY (ISBN) REFERENCES BOOK(ISBN)            /*设置外键约束*/
);
```

创建成功后,刷新表,可以查看到新建的订单表 BOOKORDER 和订单详情表 DETAIL,右击 BOOKORDER,选择"设计",查看表的结构,右击属性列 MID,选择"关系",可看到定义的外键约束,表示外键定义成功。DETAIL 表的外键属性可以用同样方法查看。

为验证外键约束的关联性,使用插入语句,向订单表 BOOKORDER 中插入一条数据记录,该数据中的会员号在会员表 MEMBER 当中不存在。

```
INSERT
INTO BOOKORDER
```

```
VALUES('0009', 'test', '2018/11/11 0:01', NULL, NULL);
```

运行提示错误:"INSERT 语句与 FOREIGN KEY 约束"FK_BO_MID"冲突。该冲突发生于数据库"BOOKSTORE",表"dbo. MEMBER",column 'MID'。语句已终止。"其中,"FK_BO_MID"为外键约束的名称(如果定义时没有给外键约束命名,此处的约束名称会是系统自动生成的字符串),插入失败,说明外键约束定义成功。

3. 设置用户定义的约束

1) 非空约束

【例 4-104】 在网上书店数据库 BOOKSTORE 中,定义会员表 MEMBER 时,密码 PASSWD、姓名 NAME、电话 PHONE 和地址 ADDR 属性都不允许取空值。

注意:在不特别声明的情况下,主键是不允许取空值的,非主键属性的值是允许取空值的。

当添加一个会员时,如果地址 ADDR 取值为空,如下所示:

```
INSERT
INTO MEMBER
VALUES ('test','******','张扬','男','25','138805510001',NULL,'test@db.com');
```

运行结果显示:"不能将值 NULL 插入列 'ADDR',表 'BOOKSTORE. dbo. MEMBER';列不允许有 Null 值。INSERT 失败。"

使用 SQL 语句修改地址 ADDR,使得其可以取空值。可以直接使用如下 ALTER 语句修改非空约束条件:

```
ALTER TABLE MEMBER
ALTER COLUMN ADDR VARCHAR(20);
```

执行完成后,右击会员表 MEMBER,选择"设计",查看表的结构,在属性列 ADDR 可看到允许取空值(复选框中有"√"),表示允许取空值约束修改成功。

为验证约束,使用插入语句,向会员表 MEMBER 中插入一条数据,该数据中的地址信息为空值 NULL。

```
INSERT
INTO MEMBER
VALUES ('test','******','张扬','男','25','138805510001',NULL,'test@db.com');
```

运行结果提示"1 行受影响",即表示插入成功,说明允许取空值约束修改成功。

2) 列值唯一约束

【例 4-105】 在网上书店数据库中,会员表 MEMBER 中要求会员名 NAME 列值唯一。

在定义会员表 MEMBER 时,可以直接使用如下 SQL 语句定义。

```
CREATE TABLE MEMBER(
MID CHAR(4) PRIMARY KEY,
```

```
PASSWD CHAR(6) NOT NULL,
NAME CHAR(8) NOT NULL CONSTRAINT IX_MEMBER UNIQUE,    /*设置唯一性约束*/
SEX CHAR(2),
AGE SMALLINT,
PHONE CHAR(11) NOT NULL,
ADDR VARCHAR(20) NOT NULL,
EMAIL VARCHAR(20));
```

创建成功后,刷新表,右击会员表 MEMBER,选择"设计",查看表的结构,右击 NAME,在快捷菜单中选择"索引/键",查看"列"后面显示为 NAME,"是唯一的"后面显示"是",表示唯一约束设置成功。

为验证该属性列的唯一约束,使用插入语句,向会员表 MEMBER 中插入一个会员,与已有的会员同名(如下例):

```
INSERT
INTO MEMBER
VALUES('cesh', '******', '陈东光', '男', '24', '12600000002', '广东广州大沙东路',
'dgliu@db.com');
```

按照列值唯一约束条件,提示错误:"不能在具有唯一索引"IX_MEMBER"的对象 "dbo.MEMBER"中插入重复键行。重复键值为(陈东光)。语句已终止。"其中,"IX_MEMBER"为唯一值约束的名称,插入失败,说明列值唯一约束设置成功。

3) CHECK 约束

CHECK 约束可以灵活设置在属性列上的约束条件,也可以设置在元组上的约束条件。

【例 4-106】 设置 MEMBER 表的 SEX 只允许取值"男"或者"女"。

```
CREATE TABLE MEMBER(
MID CHAR(4) PRIMARY KEY,
PASSWD CHAR(6) NOT NULL,
NAME CHAR(8) UNIQUE NOT NULL,
SEX CHAR(2) CHECK (SEX IN ('男','女')),                /*设置 CHECK 约束*/
AGE SMALLINT,
PHONE CHAR(11) NOT NULL,
ADDR VARCHAR(20) NOT NULL,
EMAIL VARCHAR(20));
```

创建成功后,刷新表,右击会员表 MEMBER,选择"设计",查看表的结构,右击 SEX 属性列,选择"CHECK 约束",可以查看的设置的 CHECK 约束表达式及约束名称等。

为验证该属性列的 CHECK 约束,使用插入语句,插入一个新的会员,性别列取值为"无"。

```
INSERT INTO MEMBER VALUES('cesh', '******', '张三', '无', '24', '12600000002', '广
东广州大沙东路', 'dgliu@db.com');
```

提示错误："INSERT 语句与 CHECK 约束"CK_MEMBER"冲突。该冲突发生于数据库"BOOKSTORE"，表"dbo.MEMBER"，column 'SEX'。语句已终止。"，插入失败，说明 CHECK 约束设置成功。

【例 4-107】 设置 MEMBER 表的 AGE 属性的值范围应该为 0～100。

```
CREATE TABLE MEMBER(
MID CHAR(4) PRIMARY KEY,
PASSWD CHAR(6) NOT NULL,
NAME CHAR(8) UNIQUE NOT NULL,
SEX CHAR(2) CHECK (SEX IN ('男','女')),
AGE SMALLINT CHECK (AGE >=0 AND AGE <=100),          /*设置 CHECK 约束*/
PHONE CHAR(11) NOT NULL,
ADDR VARCHAR(20) NOT NULL,
EMAIL VARCHAR(20));
```

创建成功后，刷新表，右击会员表 MEMBER，选择"设计"，查看表的结构，右击"AGE"属性列，选择"CHECK 约束"，可以查看的设置的 CHECK 约束表达式及约束名称等。

为验证该属性列的 CHECK 约束，使用插入语句，插入一个新的会员，年龄 AGE 列取值为 150(不在 0～100 均可)。

```
INSERT
INTO MEMBER
VALUES('cesh', '******', '张三', '男', '150', '12600000002', '广东广州大沙东路
', 'dgliu@db.com');
```

提示错误："INSERT 语句与 CHECK 约束"CK_MEMBER_AGE"冲突。该冲突发生于数据库"BOOKSTORE"，表"dbo.MEMBER"，column 'AGE'。语句已终止。"，插入失败，说明 CHECK 约束设置成功。

【例 4-108】 建立会员表 MEMBER，要求性别只能是"男"或"女"，年龄范围为 0～100。

除使用例 4-106 和例 4-107 的方式实现以外，SQL 还在 CREATE TABLE 中提供了完整性约束命名子句 CONSTRAINT，用来对完整性约束条件命名，从而可以灵活地增加、删除一个完整性约束条件。

```
CREATE TABLE MEMBER (
MID CHAR (4) PRIMARY KEY,
PASSWD CHAR(6) NOT NULL,
NAME CHAR(8) UNIQUE NOT NULL,
SEX CHAR(2) NOT NULL,
AGE SMALLINT NOT NULL,
PHONE CHAR(11) NOT NULL,
ADDR VARCHAR(20) NOT NULL,
EMAIL VARCHAR(20) ,
CONSTRAINT CK_MEMBER_SEX CHECK (SSEX IN ('男','女')),
```

```
CONSTRAINT CK_MEMBER_AGE CHECK (AGE >=0 AND AGE <=100)
);
```

4. 设置默认值

在 SQL Server 中,有两种使用默认值的方法:

① 在创建表时,指定默认值。在 SQL Server Management Studio 中创建表或设计表时指定默认值,可以在输入字段名称后,设定该字段的默认值。或使用 CREATE TABLE 语句中的 DEFAULT 子句指定默认值。

② 使用 CREATE DEFAULT 语句创建默认值对象后,使用存储过程 sp_bindefault 将该默认值对象绑定到需要的属性列上。默认值对象是单独存储的,删除表的时候,DEFAULT 约束会自动删除,但是默认值对象不会被删除。创建默认值对象后,需要将其绑定到属性列或者用户自定义的数据类型上才能起作用。

【例 4-109】 建立图书表 BOOK,使用 CREATE TABLE 语句中的 DEFAULT 子句指定默认值,要求图书默认不打折,即折扣 DISC 的默认值设置为 1。

```
CREATE TABLE BOOK                                    /* 图书表 */
(
ISBN CHAR(4)    PRIMARY KEY,
BNAME CHAR(20) NOT NULL,
AUTHOR CHAR(20),
PUB CHAR(20),
PRICE MONEY NOT NULL,
DISC DECIMAL(3,2) NOT NULL DEFAULT 1.00,              /* 设置默认值 */
CPRICE MONEY NOT NULL,
CATE CHAR(10),
BQTY INT NOT NULL
)
```

创建成功后,刷新表,右击图书表 BOOK,选择"设计",查看表的结构,单击 DISC 属性列,如图 4-41 所示,可以查看默认值或绑定后显示默认值为 1。

为验证该属性列的默认值,使用插入语句,插入一条新的图书信息,折扣 DISC 列不取值。

```
INSERT
INTO BOOK (ISBN, BNAME, PRICE, CPRICE, CATE, BQTY)
VALUES ('U001','数据库课程设计', 50, 50, '计算机',100);
```

插入成功后,查看表中的数据,可查看到该条数据图书的折扣值为 1,说明默认值约束设置成功。

本例也可以使用 CREATE DEFAULT 语句创建一个默认对象取值为 1,然后用系统存储过程 SP_BINDEFAULT 将该默认对象绑定到 DISC 列上来实现。

```
CREATE DEFAULT d_disc AS 1;                           /* 创建默认对象 */
```

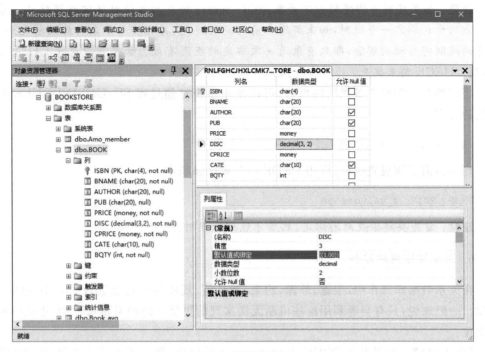

图 4-41　查看默认值

```
EXEC SP_HELP d_disc                          /*查看已创建的默认对象*/
EXEC SP_BINDEFAULT 'd_disc', 'BOOK.DISC'     /*绑定默认对象到 DISC 列上*/
```

当以上属性列的默认值约束不再需要时,可以用系统存储过程 SP_UNBINDEFAULT 解除默认值对象的绑定。

```
EXEC SP_UNBINDEFAULT 'd_disc', 'BOOK.DISC'
```

当创建的默认值对象不再需要时,可以用 DROP 命令删除默认值对象。

```
DROP DEFAULT d_disc
```

注意:在删除默认值对象之前,首先要确认该默认值对象已经解除所有绑定。

5. 建立规则并进行绑定

【例 4-110】 创建一个规则,该规则规定取值范围为 0~100;将该规则绑定到会员表 MEMBER 的年龄 AGE 属性列上,对 AGE 属性的值进行约束。

首先,创建一个取值规则:

```
CREATE RULE   r_valuerange as @value<=100 and @value>=0
```

使用系统存储过程 SP_BINDRULE 将以上取值规则绑定到会员表 MEMBER 的年龄 AGE 属性列上:

```
EXEC SP_BINDRULE 'r_valuerange','MEMBER.AGE'
```

注意：如果规则与绑定的列不兼容，SQL Server 将在插入值时返回错误信息。每个基本表只允许绑定一个规则，如未解除当前绑定的规则，再次将一个新的规则绑定到列，原有的规则将自动被解除，即只有最近一次绑定的规则有效。如果列中包含 CHECK 约束，则 CHECK 约束优先。

当属性列不需要该条规则约束时，可以使用系统存储过程 SP_UNBINDRULE 解除规则的绑定。

```
EXEC SP_UNBINDRULE 'MEMBER.AGE'
```

当不再需要该规则时，可以用 DROP 命令删除该规则。

```
DROP  RULE  r_valuerange
```

注意：首先要解除规则的绑定，然后才能删除规则。

6. 定义和使用触发器

在关系数据库操作中，主键、外键、约束、默认值、规则等都是保证数据完整性的重要保障。一般来说，只有当遇到用这些机制无法实现的更复杂的约束要求时，才建议用触发器实现。

【例 4-111】 在图书表 BOOK 上建立 insert 触发器，规定不能插入类型为"考试"的图书。

```
CREATE TRIGGER TRI_INSERT_B
ON BOOK
FOR INSERT
AS
DECLARE @CATE CHAR(4)
SELECT @CATE =INSERTED.CATE FROM INSERTED
--SELECT @CATE =BOOK.CATE FROM BOOK
--INNER JOIN INSERTED I ON BOOK.CATE =I.CATE
IF @CATE ='考试'
BEGIN
    RAISERROR('不能插入"考试'类型的图书!',16,8);
    ROLLBACK;
END
GO
```

语句执行后，触发器定义成功。之后，执行如下语句，试图插入一条类型为"考试"的图书记录。

```
INSERT
INTO BOOK (ISBN, BNAME, PRICE, CPRICE, CATE, BQTY)
VALUES ('U005','计算机考研指导', 50, 50, '考试',100);
```

则系统返回如下信息（消息 50000，级别 16，状态 8，过程 TRI_INSERT_B，第 11 行；

不能插入"考试"类型的图书！消息 3609,级别 16,状态 1,第 1 行;事务在触发器中结束。
批处理已中止。),拒绝插入数据,说明触发器有效。

【例 4-112】　在图书表 BOOK 上建立 update 触发器,规定书号 ISBN 不能修改。

```
CREATE TRIGGER TRI_UPDATE_B
ON BOOK
FOR UPDATE
AS
IF UPDATE(ISBN)
BEGIN
    RAISERROR('ISBN 书号不能修改!',16,8)
    ROLLBACK;
END
GO
```

语句执行后,触发器定义成功。之后,执行如下语句,试图修改图书的书号。

```
UPDATE BOOK
SET ISBN ='B005'
WHERE ISBN ='B002'
```

则系统返回如下信息(消息 50000,级别 16,状态 8,过程 TRI_UPDATE_B,第 7 行;
ISBN 书号不能修改！ 消息 3609,级别 16,状态 1,第 1 行;事务在触发器中结束。批处理
已中止。),拒绝修改数据,说明触发器有效。

【例 4-113】　在图书表 BOOK 上建立 delete 触发器,规定已经有用户购买的图书不
能删除。

```
CREATE TRIGGER TRI_DELETE_B
ON BOOK
FOR DELETE
AS
BEGIN
DECLARE @ISBN CHAR(4);
SELECT @ISBN =ISBN FROM DELETED;
IF @ISBN IN (SELECT ISBN FROM DETAIL)
BEGIN
    RAISERROR('错误!不能删除已经销售过的图书!',16,8);
    ROLLBACK;
END
END
GO
```

语句执行后,触发器定义成功。之后,执行如下语句,试图删除书号为 B002 的图书,
该图书有用户订购记录。

```
DELETE
```

```
FROM BOOK
WHERE ISBN ='B002';
```

则系统返回如下信息（消息 50000，级别 16，状态 8，过程 TRI_DELETE_B，第 10 行；错误！不能删除已经销售过的图书！消息 3609，级别 16，状态 1，第 1 行；事务在触发器中结束。批处理已中止。），拒绝删除图书记录，说明触发器有效。

注意：本例是在没有为 DETAIL 表的 ISBN 列定义为外键的情况下执行的。如果已经将 DETAIL 表中 ISBN 属性列定义为外键，参照 BOOK 表中的 ISBN 属性列，则触发器没有必要创建（定义了也不起作用），参照完整性约束可以起作用，拒绝删除已经有用户购买的图书。

※ 实验要求 ※

1. 在网上书店数据库 BOOKSTORE 中进行各种完整性约束操作

（1）定义图书表 BOOK 中的书号 ISBN 为主键。

（2）为图书表 BOOK 中的折扣 DISC 设置取值范围为 0～1。

（3）为会员表 MEMBER 中的密码 PASSWD 设置默认值为 12346。

（4）建立一个规则，设置取值中必须含有"@"符号，并将其绑定到会员表 MEMBER 的邮箱 EMAIL 属性列上。

（5）在会员表 MEMBER 上建立 insert 触发器，规定不能插入名字叫"张三"的会员。

（6）在会员表 MEMBER 上建立 update 触发器，规定会员号 MID 不能修改。

（7）在会员表 MEMBER 上建立 DELETE 触发器，规定有订单的会员不能删除。

（8）完成以上触发器的测试，分别删除以上定义的各个触发器。

2. 在图书借阅数据库 LIBRARY 中进行各种完整性约束操作

（1）将图书表 BOOK 的馆内编号 BID 定义为主键。

（2）设置图书表 BOOK 中的 CATE 参照表 BOOKCATE 的主键 CATE。

（3）设置读者表 READER 中要求电话 PHONE 列值唯一。

（4）设置读者表 READER 的状态 STATE 只允许取"可用"或者"失效"。

（5）设置读者表 READER 的状态 STATE 默认值为"可用"。

（6）建立一个规则，设置取值范围为 18～100，并将其绑定到读者表 READER 的年龄 AGE 属性列上。

（7）在图书表 READER 上建立 insert 触发器，规定不能添加 18 岁以下的读者。

（8）在借阅表 BORROW 上建立 UPDATE 触发器，规定借出日期 BDATE 不能修改。

（9）在读者表 READER 上建立 DELETE 触发器，规定有借阅记录的读者不能删除。

（10）完成以上触发器的测试，分别删除以上定义的各个触发器。

3. 在教学管理数据库 SCT 中进行各种完整性约束操作

（1）将学生表 STUDENT 的学号 SNO 定义为主键。

（2）设置学生表的姓名必须是唯一的，性别 SSEX 只能是"男"或"女"，年龄 SAGE 必须是整数且取值范围为 14～29。

（3）为课程表 COURSE 中的学分 CREDIT 设置默认值为 3。

（4）为教师表 TEACHER 中的职称 TITLE 设置默认值为"未定职"。

（5）建立一个规则，设置取值范围在"未定职""助教""讲师""副教授""教授"之中，并将其绑定到教师表 TEACHER 的职称 TITLE 属性列上。

（6）定义学生表 STUDENT 上的触发器，删除学生时，将该生的选课记录一并删除。

（7）定义触发器 Insert_SCT，规定当插入 SCT 一行元组时，自动检查成绩是否为 0～100。

（8）定义触发器 Update_SCT，每当修改成绩时，记录修改前后成绩到 U_SCT 表中。

（9）定义触发器 Delete_Teacher，规定不能删除有教学记录的教师。

（10）完成以上触发器的测试，分别删除以上定义的各个触发器。

4. 在供应管理数据库 SPJ 中进行各种完整性约束操作

（1）将供应商表 S 的供应商代码 SNO 定义为主键。

（2）设置供应情况表 SPJ 中供应商代码 SNO、零件代码 PNO、工程项目代码 JNO 分别参照供应商表 S 的主键供应商代码 SNO、零件表 P 的主键零件代码 PNO、工程项目表 J 的主键工程项目代码 JNO。

（3）设置工程项目表 J 的工程项目名 JNAME 列值具有唯一性。

（4）设置零件表 P 的颜色 COLOR 属性只允许取"红""黄""蓝""绿"中的一个值。

（5）设置供应情况表 SPJ 中的供应数量 QTY 默认值为 0。

（6）建立一个规则，设置取值范围为 0～50，并将其绑定到零件表 P 的重量 WEIGHT 属性列上。

（7）在供应商表 S 上建立 INSERT 触发器，规定不能添加等级 STAT 为 F 的供应商。

（8）在工程项目表 J 上建立 UPDATE 触发器，规定工程项目名 JNAME 不能修改。

（9）在供应商表 S 上建立 DELETE 触发器，规定 STAT 为 A 的供应商不能删除。

（10）完成以上触发器的测试，分别删除以上定义的各个触发器。

4.14 实验 14 数据库备份与恢复实验（选做）

※实验目的※

（1）理解并掌握数据库恢复技术的概念和基本原理。

（2）掌握数据库备份和恢复操作过程。

（3）学习并掌握按向导制订维护计划的方法。

※实验指导※

1. 对网上书店数据库进行备份

（1）新建备份设备。

打开 Management Studio，单击"服务器对象"，右击"备份设备"，如图 4-42 所示，在快捷菜单中单击"新建备份设备"，在打开的"备份设备"窗口中，输入备份设备名称 BOOKSTORE_bak，"文件"路径输入"D：\data\BOOKSTORE_bak"，如图 4-43 所示，单击"确定"按钮，即可在左侧 Management Studio 中看到新建的备份文件 BOOKSTORE_bak，如图 4-44 所示。

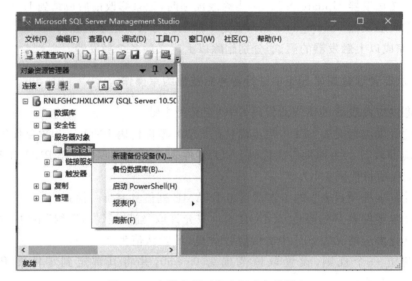

图 4-42　在服务器对象中新建备份设备

也可以使用以下语句来新建备份设备：

```
SP_ADDUMPDEVICE 'disk','BOOKSTORE_bak','D:\data\BOOKSTORE_bak';
```

（2）备份数据库。

打开"服务器对象"，右击"BOOKSTORE_bak"这个新建立的备份设备，单击"备份数据库"，如图 4-45 所示，在打开的"备份数据库"窗口中选择 BOOKSTORE 数据库，"备份类型"设置为"完整"，备份集"名称"默认为"BOOKSTORE-完整 数据库 备份"，如图 4-46 所示，单击"确定"按钮，即可看到备份数据库成功的提示对话框，如图 4-47 所示。

2. 对网上书店数据库进行恢复

数据库恢复操作，SQL Server 的术语是还原。首先右击"数据库"，如图 4-48 所示，

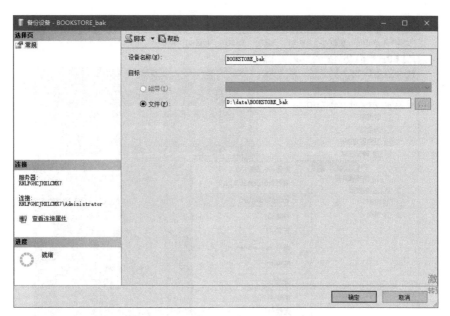

图 4-43　设置备份设备名称及位置

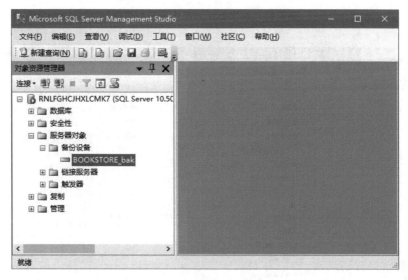

图 4-44　新建备份设备成功

在快捷菜单中单击"还原数据库"。

　　在出现的"还原数据库"对话框中，"目标数据库"选择需要还原的数据库BOOKSTORE，"目标时间点"可以选择"最近状态"或者指定日期，"源数据库"选择BOOKSTORE，如图 4-49 所示。单击"确定"按钮后，即可看到还原数据库成功的提示对话框，如图 4-50 所示。

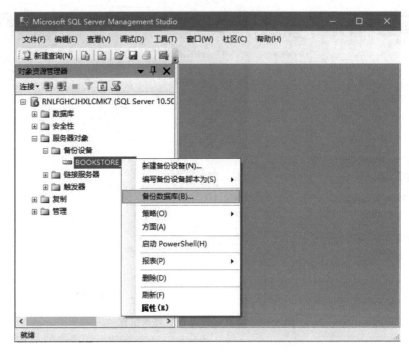

图 4-45　在服务器对象中备份数据库

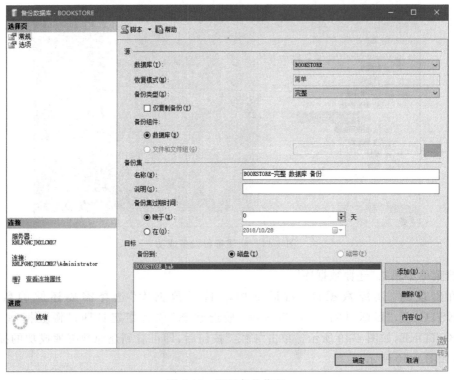

图 4-46　设置备份信息

图 4-47 备份 BOOKSTORE 数据库成功

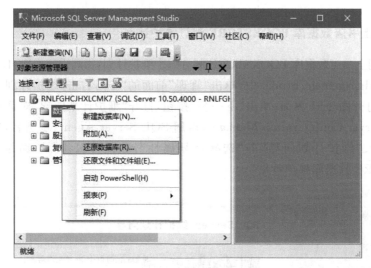

图 4-48 选择"还原数据库"

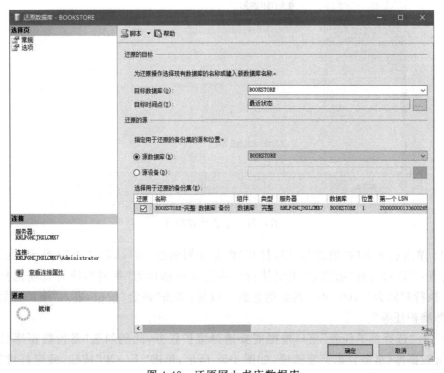

图 4-49 还原网上书店数据库

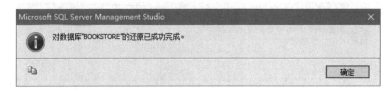

图 4-50 还原 BOOKSTORE 数据库成功

3. 为网上书店数据库 BOOKSTORE 制订维护计划

下面为网上书店数据库 BOOKSTORE 制订一个维护计划,每周进行一次自动完整备份:

(1) 在 Management Studio 中,单击"管理"前面的"+",右击"维护计划",单击"维护计划向导",打开图 4-51 界面;单击"下一步"按钮,打开"维护计划向导"对话框(提前确定打开 SQL Server Configuration Manager,启用 SQL Server Agent(实例名)),单击"下一步"按钮,进入"维护计划向导"的"选择计划属性",如图 4-52 所示,给维护计划命名"BOOKSTORE 数据库维护计划"。

图 4-51 维护计划向导

(2) 单击右下方的"更改"按钮,打开"作业计划属性"窗口,如图 4-53 所示;在窗口中进行设置:"计划类型"选择为"重复执行",执行频率选择为"每周",执行日期选择了"星期日",执行时间为"0:00:00",其余的为默认设置,单击"确定"按钮,进入"维护计划向导"的"选择维护任务"。

(3) 在"选择维护任务"窗口根据需要选择维护任务,此例勾选"备份数据库(完整)"和"备份数据库(事务日志)"复选框,如图 4-54 所示,单击"下一步"按钮,确定好维护任务顺序(多项任务才有这一步),如图 4-55 所示。

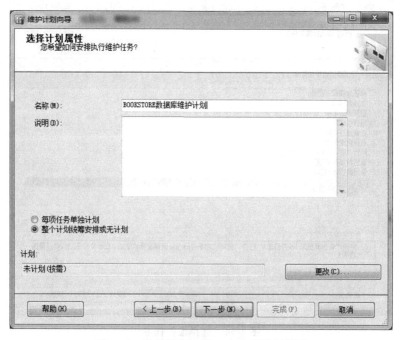

图 4-52 维护计划向导——选择计划属性

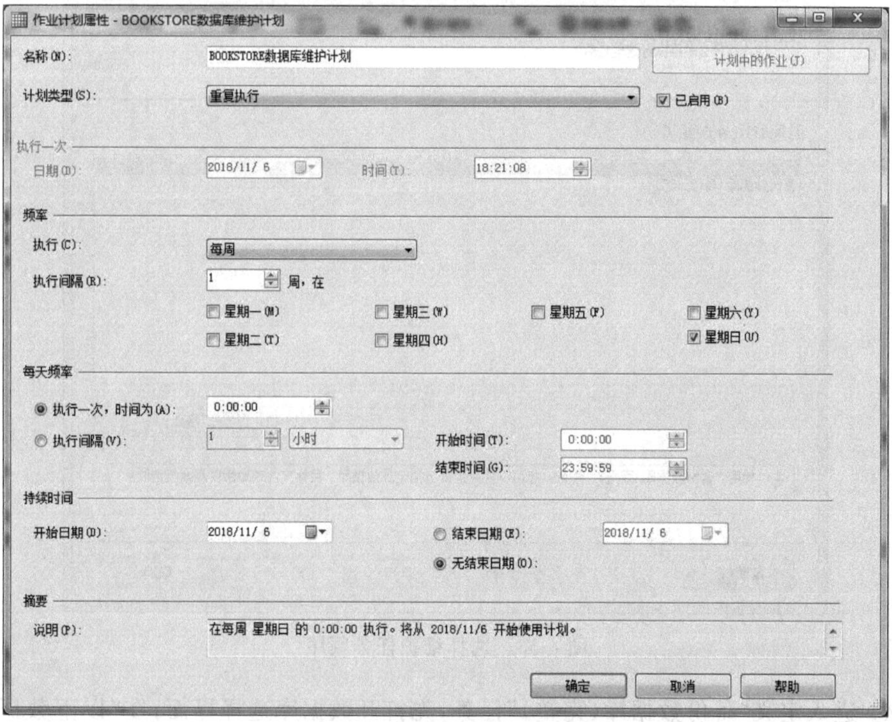

图 4-53 作业计划属性

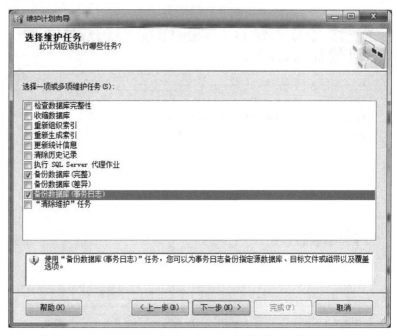

图 4-54　选择维护任务

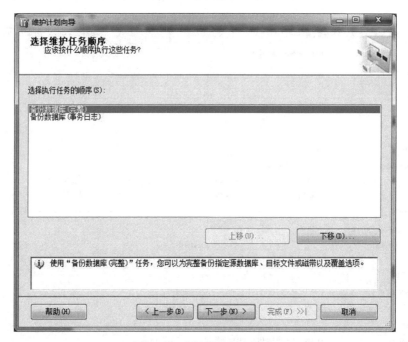

图 4-55　选择维护任务顺序

（4）进入定义"备份数据库（完整）"任务，先打开数据库选择界面，在"以下数据库"列表中选择要制订维护计划的数据库 BOOKSTORE，如图 4-56 所示，之后在图 4-57 的界面中进行配置，在"备份组件"区域中可以选择备份"数据库"，在"备份到"区域选中"磁盘（I）"

单选按钮,再选择备份的目标路径"D:\data"后单击"下一步"按钮,按同样的方法定义
"备份数据库(事务日志)"任务。

图 4-56　选择数据库

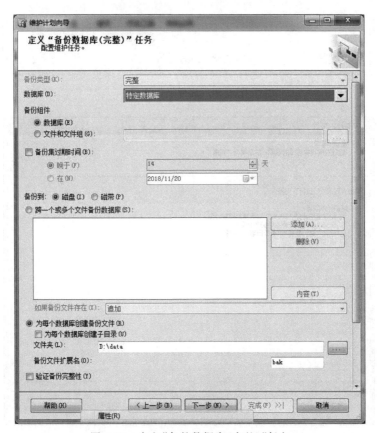

图 4-57　定义"备份数据库(完整)"任务

（5）在"选择报告选项"对话框中选择如何管理维护计划报告：可以将其写入文件中，也可以通过电子邮件发送数据库管理员，选择文件夹位置"D：\data"，如图 4-58 所示，单击"下一步"按钮，打开"完成该向导"，如图 4-59 所示，单击"完成"按钮，即可完成自动备份数据库的备份计划，系统给出"维护计划向导进度"，如图 4-60 所示，至此，制订维护计划任务圆满完成。

图 4-58　选择报告选项

图 4-59　完成维护计划

图 4-60　维护计划向导进度

※实验要求※

（1）为图书借阅数据库 LIBRARY 创建备份设备，制作备份 LIBRARY_BAK，用备份文件进行还原数据库操作；进一步为图书借阅数据库 LIBRARY 制订一个每晚十点进行的备份计划。

（2）为教学管理数据库 SCT 创建备份设备，制作备份 SCT_BAK，用备份文件进行还原数据库操作；进一步为教学管理数据库 SCT 制订一个每晚十点进行的备份计划。

（3）为供应管理数据库 SPJ 创建备份设备，制作备份 SPJ_BAK，用备份文件进行还原数据库操作；进一步为供应管理数据库 SPJ 制订一个每周日晚十点进行的备份计划。

参 考 文 献

[1]　王珊,萨师煊. 数据库概论[M].5 版. 北京:高等教育出版社,2014.

[2]　Silberschatz A, Korth H F, Sudarshan S. 数据库系统概念[M].杨冬青,李红燕,唐世渭,译.6 版. 北京:机械工业出版社,2012.

[3]　周爱武,汪海威,肖云. 数据库课程设计[M].2 版. 北京:机械工业出版社,2016.

[4]　明日科技. SQL Server 从入门到精通[M].2 版. 北京:清华大学出版社,2017.

[5]　Forta B. SQL 必知必会[M].钟鸣,刘晓霞,译. 4 版. 北京:人民邮电出版社,2013.

[6]　Molinaro A. SQL 经典实例[M].刘春辉,译. 北京:人民邮电出版社,2018.

[7]　MICK. SQL 基础教程[M].孙淼,罗勇,译. 2 版. 北京:人民邮电出版社,2017.

[8]　厄尔曼,等. 数据库系统基础教程[M].岳丽华,等译.3 版. 北京:机械工业出版社,2009.

[9]　加西亚·莫利纳,等.数据库系统实现[M].杨冬青,等译.2 版. 北京:机械工业出版社,2010.

[10]　何玉洁. 数据库原理与应用教程[M].4 版. 北京:机械工业出版社,2016.

[11]　何玉洁. 数据库基础与实践技术:SQL Server 2008[M]. 北京:机械工业出版社,2013.

[12]　杨海霞. 数据库实验指导[M].2 版. 北京:人民邮电出版社,2015.

[13]　Ullman J D. 数据库系统实现[M].杨冬青,吴愈青,包小,译. 2 版. 北京:机械工业出版社,2010.

[14]　陈畅亮,吴一晴. SQL Server 性能调优实战[M]. 北京:机械工业出版社,2015.

[15]　Date C J. SQL 与关系数据库理论:如何编写健壮的 SQL 代码[M].单世民,何英昊,许侃,译.2 版. 北京:机械工业出版社,2014.

[16]　车蕾,杨蕴毅,王晓波,等. 数据库应用技术[M].3 版. 北京:清华大学出版社,2017.

[17]　严晖,周肆清,等. 数据库技术与应用实践教程[M]. 北京:中国水利水电出版社,2017.

[18]　张克君,等. 数据库原理与系统开发教程[M]. 北京:人民邮电出版社,2018.

[19]　李新德. SQL Server 2008 数据库应用与开发[M]. 北京:北京理工大学出版社,2017.

[20]　郑阿奇,刘启芬,顾韵华. SQL Server 数据库教程(2008 版)[M]. 北京:人民邮电出版社,2012.

[21]　祝红涛,王伟平. SQL Server 2008 从基础到应用[M]. 北京:清华大学出版社,2014.

[22]　李文峰,等. SQL Server 2008 数据库设计高级案例教程[M]. 北京:航空工业出版社,2012.

[23]　郑阿奇,刘启芬,顾韵华. SQL Server 数据库教程(2008 版)[M]. 北京:人民邮电出版社,2012.

[24]　刘俊强. SQL Server 2008 入门与提高[M]. 北京:清华大学出版社,2014.

[25]　闵军. Windows Server 2008 R2 配置、管理与应用[M]. 北京:清华大学出版社,2014.

[26]　戴有炜. Windows Server 2008 R2 安装与管理[M]. 北京:清华大学出版社,2011.

[27]　李书满,杜卫国,等. Windows Server 2008 服务器搭建与管理[M]. 北京:清华大学出版社,2010.

[28]　袁晓洁. 数据库原理和实践教程[M]. 北京:电子工业出版社,2015.

[29]　杨爱民,李兆祥. 数据库技术实践教程[M]. 杭州:浙江大学出版社,2012.

[30]　孙凤庆,于峰. SQL Server 2008 数据库原理及应用[M]. 北京:北京邮电大学出版社,2012.

[31]　马忠贵. 数据库技术及应用[M]. 北京:国防工业出版社,2012.

[32]　Connolly T, Begg C E. 数据库系统:设计、实现与管理[M].5 版. 北京:电子工业出版社,2012.

[33]　卫琳,等. SQL Server 2008 数据库应用与开发教程[M].2 版. 北京:清华大学出版社,2011.

[34]　施伯乐,丁宝康,汪卫. 数据库系统教程[M].3 版. 北京:高等教育出版社,2008.

［35］　Beaulieu A. SQL 学习指南［M］. 张伟超，林青松，译. 2 版. 北京：人民邮电出版社，2015.

［36］　张洪举，王晓文. 锋利的 SQL［M］. 2 版. 北京：人民邮电出版社，2015.

［37］　张权，郭天娇. SQL 查询的艺术［M］. 北京：人民邮电出版社，2014.

［38］　Hoffe J A. 数据库管理基础教程［M］. 北京：机械工业出版社，2016.

［39］　Stephens R，等. SQL 入门经典［M］. 井中月，郝记生，译. 5 版. 北京：人民邮电出版社，2011.

［40］　刘涛. 数据库应用基础 SQL Server 2008［M］. 天津：南开大学出版社，2016.

［41］　周文刚. SQL Server 2008 数据库应用教程［M］. 北京：科学出版社，2018.

［42］　郑晓霞，孙亮，张浩，等. 数据库原理及新技术研究［M］. 北京：中国水利水电出版社，2015.

［43］　陈漫红. 数据库原理与应用技术（SQL Server 2008）［M］. 北京：北京理工大学出版社，2016.

［44］　李锡辉. SQL Server 2008 数据库案例教程［M］. 北京：清华大学出版社，2011.

［45］　宋文官，李岚. 数据库应用与实训［M］. 北京：高等教育出版社，2008.

图书资源支持

感谢您一直以来对清华版图书的支持和爱护。为了配合本书的使用，本书提供配套的资源，有需求的读者请扫描下方的"书圈"微信公众号二维码，在图书专区下载，也可以拨打电话或发送电子邮件咨询。

如果您在使用本书的过程中遇到了什么问题，或者有相关图书出版计划，也请您发邮件告诉我们，以便我们更好地为您服务。

我们的联系方式：

地　　址：北京市海淀区双清路学研大厦 A 座 701

邮　　编：100084

电　　话：010－62770175－4608

资源下载：http://www.tup.com.cn

客服邮箱：tupjsj@vip.163.com

QQ：2301891038（请写明您的单位和姓名）

用微信扫一扫右边的二维码，即可关注清华大学出版社公众号"书圈"。

资源下载、样书申请

书 圈

扫一扫，获取最新目录